Macramé

我的第一本
繩結手環
入門全圖解

文相哲 /著

U0072067

Prologue

一九九九年的某一天，我在路上偶然看見一位外國人擺攤
販賣著各式各樣的繩結作品。了解後才知道，每當他們旅
途中旅費不足時，就會在路邊販賣自製的繩結手環，再用
賺到的錢繼續踏上旅程。在那些手環之中，有一條以皮質
細繩製成的手環特別令我傾心，所以我買下了它。

而隨著時間流逝，那條手環漸漸斷裂，我抱著遺憾的心
情，將那條老舊的繩結反覆解開又綁起，這就是我的第一
條繩結手環。當時的我既不懂「Macramé」是什麼，也沒
有人教我編織繩結，我只是收集周遭的繩子，憑著手感嘗
試打結，便開啟了我的繩結之路。

打繩結並不困難，不外乎就是把繩子綁起來而已，任何人都知道至少一種打繩結的方法，因此只要反覆打著自己已知的簡單繩結，其實就能完成一條作品。即便繩結的種類很多，每一種繩結也被賦予各自的名稱，但在根本上，都屬於繩與繩之間互相纏繞的過程。

我將自己這幾年來對於製作繩結的感受，寫作成書。不只是想幫助各位熟悉繩結編法而已，更期待各位都能透過繩結獲得心靈療癒，甚至結識新的緣分。能夠藉由繩結而結緣，實在是既感恩又奇妙的一件事。

若有一天能用繩結將背包與心靈填滿，與那些緣分一起啟程去旅行，肯定是一件很棒的事吧！

Contents

PART 1

編織繩結手環
的事前準備

❖ 繩結是一門纏繞的藝術

　　繩結自古以來就與人類生活有著緊密的連結，不論是以草繩編織而成的草鞋或提籃，都屬於繩結的一部分，假如仔細觀察身邊經常使用的物品，就能發現許多繩結的蹤影。一絲一縷編織塑形，同時創造出新事物，這就是繩結最富魅力之處。繩結工藝是千絲萬縷纏繞的藝術，十分著重於美觀，並應用在各個領域中，兼具實用性。

　　希望各位讀者不只能學習到繩結的編織過程，還能熟悉基本功，只要理解繩子的結構以及編織方向的關聯性後，便可以自行創造繩結的樣態。本書的後半部也收錄了豐富的繩結手環作品，詳細解說繩結之間的應用與組合，相信只要確實依循本書內容，各位都能創作出獨特又有魅力的繩結作品。

❈ 準備材料與工具

1 繩的種類

　　編織繩結的材料毫無限制，當下隨手可得的任何繩子都能作為材料，如果沒有繩子，甚至可以撕碎破布或剝下樹皮來使用。繩結就是如此，材料多元且容易取得。以下介紹不同材質的繩子特性，各位可依喜好或需求選購。

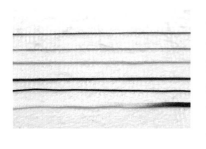

尼龍繩

每間製造商所生產的尼龍繩都有各自的特性，但共通性就是彈性好、耐磨，有利於細緻的作業。以聚酯纖維、PVC等原料製成的繩子也被稱為尼龍繩，而大家所熟知的繡線或傘繩，若以原料來分類也是尼龍繩的一種。購買尼龍繩時只要選擇工藝用途的產品即可。圖片中最上面的兩條是BeadSmith公司的S-Lon尼龍繩，再下來分別是兩條1mm的繩子與一條0.7mm的繩子，最後一條則是人造纖維的一種繩子。

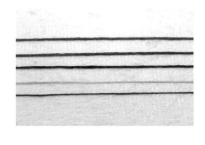

麻繩

這是以製作麻布的大麻（Hemp）加工製成的繩子，具良好的吸汗功能與抗菌效果，非常適合製成經常佩戴的手環。但粗糙的黃麻繩不適合應用於製作飾品，在繩結工藝中主要使用的是柔軟的工藝用麻繩。圖片中最上面的三條是1mm麻繩，最下面的兩條則是0.7mm麻繩。

皮繩

皮繩作品通常有著高貴感。以原料來分類，可以分成人工皮革與天然皮革，天然皮繩的強韌度不高，在製作繩結時需要特別注意。依據外型不同，則可以分為圓皮繩、扁皮繩和編織皮繩。圖片中由上而下依序為兩條1mm的圓皮繩、2mm的編織皮繩、5mm的編織皮繩、3mm的天然皮繩與麂皮繩。

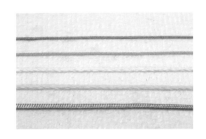

棉繩

東方繩結中最主要使用的材料就是棉繩，但相較之下，在西方繩結的製作上，使用尼龍繩有較多優點。棉繩的耐久性好，能抵抗濕氣，不太會變形，強韌度雖然比尼龍繩低，但比皮繩更好。

彈性繩

以尼龍繩為原料捲捆而成的粗繩，分為普通彈性繩與用於降落傘的傘繩。

2 工具

　　以下介紹製作繩結時會用到的工具，以及能讓製作過程更加順利的固定工具。編織時必須將繩結的一端牢牢固定在平面上，才能製作出平整的繩結作品。

吸盤式掛勾

用來固定繩子，將掛勾固定在桌面即可使用。

文件夾板

用來固定繩子，優點是方便移動，隨時隨地都能進行編織。

長尾夾

比起單獨使用來固定繩子，更常用於將繩子固定在某處。

自製置物架

可以利用簡單的工具，依照方便使用的造型，自製置物架來固定繩子。

錐子

在解開綁錯的繩結，或進行細膩的作業時非常好用，是製作繩結的重要工具。

剪刀

用於剪斷繩子，是製作繩結的基本工具。

捲尺

用於測量繩子或手圍的長度。

尖嘴鉗

用於連結各種配件。

3 配件

製作繩結手環時，加入不同材質的串珠或小吊飾等配件，能增加整體的豐富性，並讓手環變得更有個性。

金屬串珠

可表現出古典風格，其孔洞較寬，能使用在較粗的繩子上。

木質串珠

可以展現自然率性感，孔洞尺寸也偏寬。

寶石串珠

具有高貴的形象，種類多元，選擇範圍廣。孔洞尺寸偏小。

金屬球

有不同大小，經常用於以細繩
編織的作品中。

吊飾

可以綁在繩結上的小裝飾物，
也經常使用在墜飾飾品上。

收繩配件

主要作為繩結手環的收尾用
途，以專用配件來收繩會更加
便利。

收繩鈕扣

穿在繩結手環的尾端，會與起
端的扣環搭配使用。多以椰子
鈕扣為主。

❀ 繩結的基本用語

軸心繩_ 在編織繩結過程中作為主要支柱的繩子。

編織繩_ 在編織繩結過程中纏繞軸心繩的繩子。

扣環_ 在佩戴繩結手環時，能固定繩子兩端的環圈。

收繩_ 完成主繩結部分後，綁繩與尾繩處理方式的統稱。

循環_ 反覆的基本繩結動作。

Macramé_ 西方用來統稱以繩結製成的作品，音譯為「馬克萊姆」。

東方繩結_ 主要用於編織配飾的傳統繩結。

西方繩結_ 馬克萊姆中主要使用的技法。

Misanga_ 主要用來指稱「圖騰繩結手環」，在南美洲有著幸運手繩的意思。

Kumihimo_ 一種製作繩索或辮子的日本傳統藝術。亦指稱用來編繩的圓盤工具。

繩結手環的組成

繩結手環大致分成扣環、主繩結、綁繩、尾繩等部分。

扣環 •·············• **繩結手環的起端**

利用扣環_ 最常使用的作法，能搭配各種收尾方式。
利用打結_ 佩戴時將兩端的繩子綁起或調節長度。
利用配件_ 利用多樣的裝飾配件來取代扣環或打結。

主繩結 •·············• 用來展示繩結外觀的主要部分。
長度因人而異，平均來說大約是14～17cm。
在收繩階段，可根據手圍尺寸來進行調整。

綁繩 •·············• **繩結手環的尾端**

利用打結_ 最常用來配合扣環的形式，
大部分使用單辮或雙辮打結。
利用串珠_ 在尾端穿入串珠或收繩鈕扣，
需搭配扣環使用。
尾繩 •·············• **利用配件_** 利用收繩配件來收尾。

❖ 不同的佩戴方式

完成繩結手環後，可以使用不同的方式佩戴在手上，以下介紹幾種常見形式。

扣環＋雙辮打結

將其中一條繩子穿過扣環，再將兩條繩子打結。

扣環＋單辮打結

將繩子穿過扣環後，將該條繩子打結。

打結＋打結

起始與末端部分都打結後，再將兩端的繩子綁在一起。

打結＋打結（可調節長度）

將兩端繩子都打結後，利用另外的繩結將兩條繩子綁在一起，做出可伸縮的設計。

扣環＋串珠或鈕扣

在收繩時利用串珠或鈕扣，扣在另一端繩子的扣環上。

利用配件

利用多種收繩配件連結兩端的繩子。

❖ 收尾繩的技巧

打繩結_ 利用繞線、蛇結或死結等不輕易鬆開的繩結方式來收尾。

黏合_ 剪斷繩子後塗上黏著劑，避免繩子鬆開。

火燒_ 用火燒融繩子尾端，只適用於尼龍材質的繩子。

PART2

編織手環必學
的繩結打法

雙向平結

最基礎的繩結打法，它的特點是簡單卻不失美觀。單用兩條不同顏色的繩子編織就很好看，再加上串珠更能表現出不同質感。

材料

- 麻繩（1mm）黑色 200cm
- 麻繩（1mm）藍綠色 200cm
- 青銅串珠（7mm）×5個

學習重點

1　熟練雙向平結的編法
2　在雙向平結中穿入串珠
3　利用打結來收尾

繩結記號

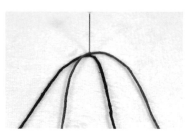

1 以黑色繩子的40cm處與藍綠色繩子的160cm處為中心固定。

2 以中心點為基準，編出長度大約3cm的左右結。（→P27）

編織繩　編織繩
軸心繩

3 將左右結對折一半製作出扣環。將較短的兩條繩子放中間，較長的兩條繩子分別置於兩側。

4 將右編織繩朝左、放在軸心繩上面。

5 將左編織繩放在右編織繩上面。

6 將左編織繩穿過軸心繩的下面。

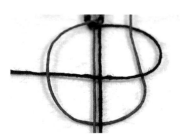

7 將左編織繩朝右上角穿過右編織繩。

8 將兩條繩子拉緊，此時兩邊的編織繩會互換位置。（此為1/2循環）

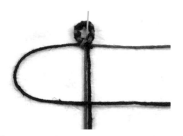

9 接下來則是先將左編織繩放在軸心繩上面。

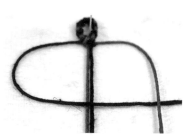

10 將右編織繩放在左編織繩上面。

11 將右編織繩穿過軸心繩的下面。

12 將右編織繩朝左上角穿過左編織繩。

13 將兩條繩子拉緊後即完成雙向平結（此為2/2循環）。其中一條編織繩會在軸心繩的前面，另一條則會穿過軸心繩的後面。

14 重複六次雙向平結後，便能在軸心繩上穿入串珠。雙向平結的次數沒有規定，依個人喜好決定長度即可。

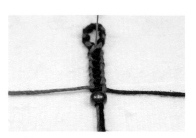

15 穿入一個串珠的樣子。

★繩結手環需要使用孔洞大的串珠，寶石串珠的孔洞較小，而木質或金屬串珠的孔洞較大，相對適合。

16 重覆步驟4～8，進行雙向平結的1/2循環。

17 重覆步驟9～13，進行雙向平結的2/2循環。

18 接著依照上述的相同方式，重複進行「雙向平結－串珠－雙向平結－串珠」的步驟。

19 重複次數請依手圍尺寸來調整。

20 利用四股辮（→P38）來收繩。

21 編完四股辮後，再打一次蛇結（→P35）或其他繩結。

22 佩戴時，請如圖示將四股辮綁在扣環上。

23 雙向平結手環即完成。

單向平結

製作單向平結就像是在重複打一半的雙向平結，因此也被稱為「半平結」。因為只朝著單邊方向編織，所以會呈現螺旋狀。

材料

- 皮繩（1mm）紅色 60cm
- 皮繩（1mm）紅色 180cm
- 金屬串珠（10mm）×1個

學習重點

1 熟練單向平結
2 認知單向平結與雙向平結的差異
3 學習使用串珠收尾的作法

繩結記號

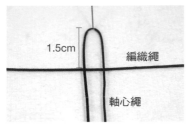

1 將軸心繩對折一半固定，在向下1.5cm處將編織繩對準中心點橫向放上去。預留的1.5cm繩子會成為扣環。

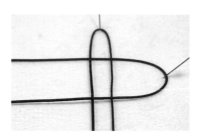

2 將右編織繩向左彎曲。

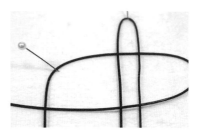

3 將左編織繩放在彎過來的繩子上。

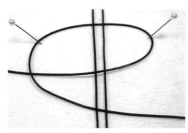

4 將左編織繩穿過軸心繩的下方。

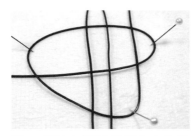

5 再將左編織繩朝右上角穿過右編織繩。

6 拉緊兩邊的繩子。到此步驟是雙向平結的1/2個循環，也就是單向平結的1個循環。

7 雙向平結會以左右交替的方式起頭，但單向平結則是繼續從右側進行。

8 與第一次的作法相同，右編織繩朝左拉，左編織繩則穿過軸心繩下方。

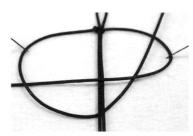

9 將左編織繩穿過右編織繩的步驟也是相同作法。

10 隨著拉繩的力道，會呈現出不同形狀。需要多加練習讓力道一致。

11 這是完成六次單向平結的樣子。

12 接下來依照自己想要的長度重複步驟，直到編完主繩結的部分。

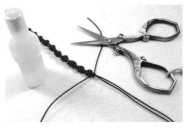

13 接著是收繩階段。注意若未正確收尾，佩戴時繩結有可能會鬆脫。

14 先用剪刀剪掉兩側的編織繩。

15 以皮繩來說，使用黏著劑是最好的方法。沾有黏著劑的部分會變硬，請小心塗抹少許在末端即可。

16 準備好用於收尾裝飾的串珠。

17 在軸心繩上穿入串珠後打結一次，再剪掉多餘的部分。

18 佩戴方式可參考圖示，將串珠扣在扣環上。

19 單向平結手環即完成。如果想製作反方向螺旋的繩結，起頭時從左側繩子開始編織即可。

雀頭結

因為與雲雀的頭部相似，故被稱為「雀頭結」。將編織繩在軸心繩上編織兩遍即完成一次繩結，在軸心繩上編織越多次，形成的繩結就會越大。

材料

- ◆ 麻繩（1mm）淡綠色 150cm
- ◆ 麻繩（1mm）天空藍 150cm
- ◆ 塑膠串珠（13mm）

學習重點

1 熟練左雀頭結與右雀頭結
2 理解軸心繩與編織繩的方向

繩結記號

① 左雀頭結　② 右雀頭結

A｜左雀頭結編法

1 左雀頭結是以左側繩子為編織繩，以右側繩子為軸心繩。

軸心繩
編織繩

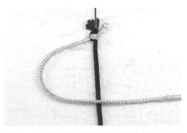

2 首先將編織繩橫跨軸心繩上方。

3 纏繞軸心繩後，往左從編織繩的上方抽出。

4 拉緊繩子後形成一個結。

5 這次將編織繩從軸心繩底下穿過。

6 纏繞軸心繩後，往左從編織繩的下方抽出。

7 拉緊繩子，即完成一次左雀頭結。

★在繩結手環中，左雀頭結主要裝飾在左側，右雀頭結則裝飾在右側。

B｜右雀頭結編法

1 右雀頭結是以右側繩子為編織繩，以左側繩子為軸心繩。

軸心繩
編織繩

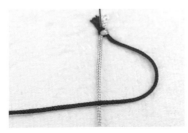

2 首先將編織繩橫跨軸心繩上方。

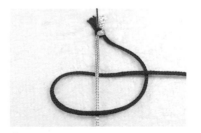

3 纏繞軸心繩後，往右從編織繩的上方抽出。

4 拉緊繩子後形成一個結。

5 這次將編織繩從軸心繩底下穿過。

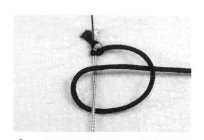

6 纏繞軸心繩後，往右從編織繩的下方抽出。

7 拉緊繩子，即完成一次右雀頭結。

★右雀頭結的製作原則與左雀頭結一樣。

C｜編織雀頭結波浪手環

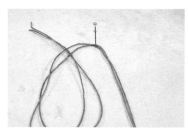

1 準備兩種顏色的繩子，預留30cm的長度後固定中心點。

2 從中心點開始編織約3～4cm的左右結（→P27），形成扣環。

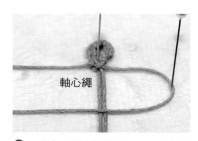

軸心繩

3 以一開始預留30cm的兩條繩子為軸心繩。以軸心繩為基準，從右側的繩子開始編右雀頭結。

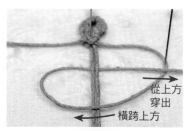

從上方穿出

橫跨上方

4 將右編織繩橫跨軸心繩上方後，繞軸心繩並從右側上方穿出，完成雀頭結的1/2循環。

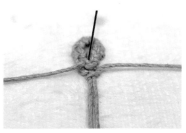

5 拉緊繩子的同時，一邊留意塑形，會呈現出更均勻的樣貌。

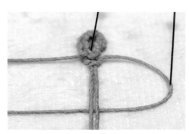

6 需纏繞兩次才能完成一次雀頭結，因此再把右編織繩從軸心繩下方穿過。

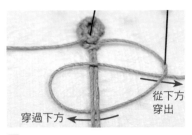

7 穿過軸心繩下方後，繞軸心繩並從右側下方穿出（雀頭結的2/2循環）。

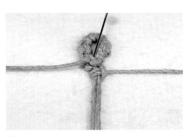

8 完成一次雀頭結後，用同一條編織繩繼續重複編織雀頭結。

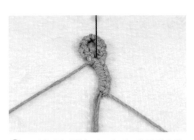

9 這是重複六次右雀頭結的樣貌，根據使用的串珠大小來調整繩結次數即可。次數越多，手環的波浪狀就越大。

10 在左編織繩上穿入準備好的串珠。

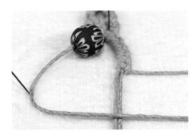

11 再用該條繩子在軸心繩上打一次左雀頭結。

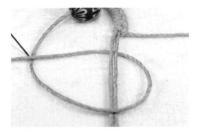

12 進行左雀頭結的1/2循環：編織繩橫跨軸心繩上方後，繞軸心繩並從左側上方穿出。

13 拉緊繩子，使右雀頭結與串珠緊密貼合。

14 用手指稍微彎曲一下右雀頭結，可以更順利地塑形。

15 進行左雀頭結的2/2循環：編織繩穿過軸心繩下方後，繞軸心繩並從左側下方穿出。

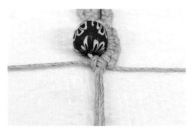

16 完成一次左雀頭結。

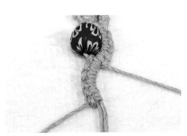

17 重複六次繩結步驟。

18 接著在右編織繩上穿入串珠。

19 重複相同作法，製作出符合手圍的長度。

20 穿入最後一顆串珠後，再打一次雀頭結。

21 利用四條繩子編織圓形四股辮（→P38），作為收尾。

22 將四股辮的繩結綁在扣環上即完成。

左右結

單以一條繩子，用兩端交替編織就能完成的繩結編法，製作既簡單又快速，比起細繩更適合使用粗繩。

材料

- 圓皮繩（2mm）120cm
- OT扣
- O型環
- 馬口夾

學習重點

1 學習左右結的編法
2 熟練收繩配件的用法

繩結記號

1 將繩子對折一半，固定中心點。

2 編織一次蛇結（→P35）以製作出扣環。扣環直徑以1cm左右最為適當。

軸心繩

編織繩

3 將編織繩從軸心繩的底下穿過去。

★左右結的1/2循環與右雀頭結的2/2循環相同。

4 纏繞軸心繩後，朝右從編織繩的下方穿出。

5 拉緊繩子後形成一個結。如同繩結的名稱，需要左右交替纏繞。

編織繩

軸心繩

6 接著，右側的編織繩變成軸心繩，左側的軸心繩則變成編織繩。

7 將編織繩從軸心繩的底下穿過去。

★左右結的2/2循環與左雀頭結的2/2循環相同。

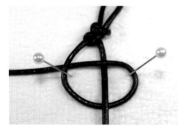

8 纏繞軸心繩後，再朝左從編織繩的下方穿出。

9 拉緊繩子形成第二個結。左右分別各纏繞一次，即完成一次左右結。

10 再次將軸心繩與編織繩互換，重複相同步驟。

11 這是重複三次左右結的樣子。

12 重複相同步驟直到繩結長度符合手圍，一般是15～17cm左右。

13 接著利用收繩配件來進行收尾。

14 將繩子尾端剪至與馬口夾大小相當的尺寸。

15 將馬口夾裝在繩子上，用鉗子等工具壓緊。如果想要更穩固，可以塗抹黏著劑。

16 接著要在固定好的馬口夾上，掛OT扣裝飾。

17 利用O型環將OT扣與馬口夾連接在一起。

18 利用收繩配件來收尾就能輕鬆拆卸。

19 佩戴時，在扣環部分扣上OT扣即可。

斜卷結

斜卷結容易編製且變化性豐富，是最常加以應用的繩結法。藉由重複編織而形成規律的紋理，進而創造出美麗圖樣。

材料

- 尼龍繩（1mm）粉紅色 200cm
- 尼龍繩（1mm）白色 200cm
- 尼龍繩（1mm）淡紫色 220cm

學習重點

1 學習斜卷結的編法
2 理解軸心繩位置會隨方向改變而變化
3 調整起頭與收尾的銜接部分

繩結記號

① 左斜卷結　② 右斜卷結

A｜左斜卷結編法

1 以左側的繩子為編織繩，右側的繩子為軸心繩。

編織繩　軸心繩

2 將軸心繩放到編織繩上，讓軸心繩的方向呈斜線。

3 將編織繩纏繞軸心繩，並從軸心繩底下穿過。

4 拉緊繩子後，即完成一半的左斜卷結。

5 將編織繩放到軸心繩下方，形成環圈的樣態。

6 使用與步驟3的相同作法，再纏繞一次。

7 拉緊繩子，即完成左斜卷結。斜卷結的前半與後半步驟是相同繞法。若用多條繩子重複編織，會形成「╱」圖樣的斜線紋路。

B｜右斜卷結編法

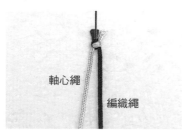

1 右斜卷結的編織繩和軸心繩位置與左斜卷結相反。

軸心繩

編織繩

2 將軸心繩放到編織繩上，讓軸心繩的方向呈斜線。

★斜卷結的繩結樣貌取決於軸心繩的方向。這是在編織手環作品時，必須牢記的重點。

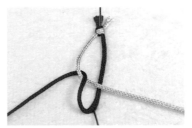

3 將編織繩纏繞軸心繩，並從軸心繩底下穿過。

4 拉緊繩子後，完成一半右斜卷結的樣子。

5 與左斜卷結一樣，讓編織繩以環圈的樣態，從軸心繩下方穿出。

6 再纏繞一次。

7 拉緊繩子，即完成右斜卷結。若用多條繩子重複編織，會形成「＼」圖樣的斜線紋路。

C｜編織三色斜紋手環

1 斜紋是斜卷結中最基本的圖案。將三條繩子對折後固定中心點，將最外側紫色繩子的其中一端剪掉20cm左右。

2 利用剪掉的20cm繩子，編織雀頭結（→P22），做出3～4cm的扣環。

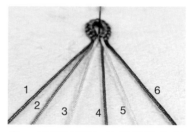

3 將不同顏色的繩子按喜歡的順序排列，手環成品的配色就會按照此排列順序構成。

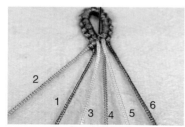

4 首先以2號繩為軸心繩，用1號繩來編織斜卷結。

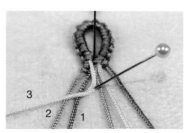

5 這次將3號繩固定為軸心繩，作為編織方向。

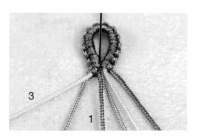

6 用1號繩來纏繞3號繩。

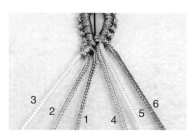

7 用2號繩來纏繞3號繩。

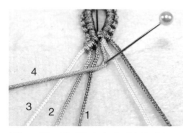

8 將4號繩固定為軸心繩。

9 依照1、2、3號順序纏繞4號繩。

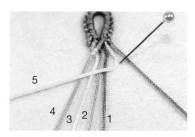

10 以5號繩為軸心繩,依序用1、2、3、4號繩進行纏繞。

11 到此的編織主要是為了避免繩結和扣環之間產生空隙。雖然可以省略,但空隙可能會讓繩結和扣環間出現誤差。

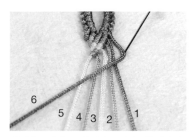

12 以最右側6號繩為軸心繩,將其餘繩子按順序(1~5號)纏繞。

13 接下來以最右側的繩子為軸心繩,依序將其餘五條繩子纏繞於軸心繩,持續重複此步驟。

14 被固定為軸心繩的右側繩子,在用其他繩子編織完斜卷結後,就會跑到最左側的位置。

15 如果重複編織左斜卷結,繩結紋理將呈現「╱」圖樣。(如果是重複右斜卷結的步驟,則會出現「╲」圖樣。)

16 配色排列會與繩結編製結果方向相反。

17 重複編繩結直到長度符合手圍,繩子尾端會呈斜線。

18 編織到此便可收尾,但如果能像起頭做出整齊的繩結樣式會更好看。

19 承上圖，以最右側的繩子為軸心繩，編織除了最左側繩子以外的四條繩子。

20 一樣以最右側的繩子作為軸心繩。

21 編織除了左側兩條繩子以外的其他繩子。

22 以相同方式一條條往下編織。

23 以最右側繩子為軸心繩，編織除了左側三條繩子以外的其他繩子。

24 除了左側的四條繩子以外，只剩一條繩子，因此只需編織一次。

25 編織出繩結的圖樣後即可收尾，將六條繩子平分後，編織兩條三股辮（→P38）。

26 以三股辮收尾時，辮子長度需達7～10cm，佩戴時才會容易綑綁。

27 三色斜紋手環即完成！佩戴時將其中一條辮子穿過扣環後再綁起來。

蛇結

在傳統繩結中又被稱為「合掌結」，十分適合搭配串珠裝飾的繩結法。

材料

◆ 皮繩（1mm）

◆ 圓筒形金屬串珠

◆ 橢圓形金屬串珠

學習重點

1 調節拉緊繩子的力道，以做出規律的繩結樣貌

2 熟練編織蛇結的方法

繩結記號

A｜基本編法

1 繩子對折後固定中心點。

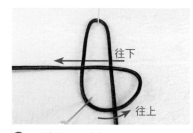

2 將左繩跨越右繩的上方，接著如圖示繞約半圈，從右繩下方穿出。

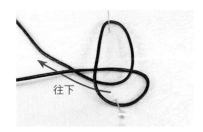

3 將右繩往左拉，從左繩的下方穿出來。

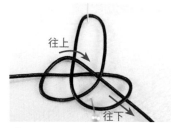

4 再將右繩跨越整體繩結往右下方抽出，並穿過由左繩形成的環圈。

5 抓住兩側繩子，輪流慢慢拉緊。不要一次拉緊，而是一點一點交替著拉，便能順利定型。

1 重複六次蛇結步驟。

2 穿入準備好的圓筒形金屬串珠。

3 與起始部分一樣，重複蛇結步驟。

4 編織繩結至所需長度，串珠的種類也可以根據個人喜好使用。

5 接下來使用串珠搭配扣環的收尾法。

6 在兩條繩子上各穿一顆橢圓形串珠後，將末端打一次結，並剪掉多餘部分。

7 佩戴方式是將串珠扣在扣環上，也可以用鈕扣或其他裝飾配件代替串珠。

8 蛇結手環即完成！

三股辮
四股辮

依據繩子股數各有不同的編織方式，這邊要教大家經常使用的三股辮與四股辮。三股辮只有一種編法，四股辮則除了基本編法，還有平面與圓形的變化作法。四股辮也是實際編頭髮辮子時，最常使用的方法。

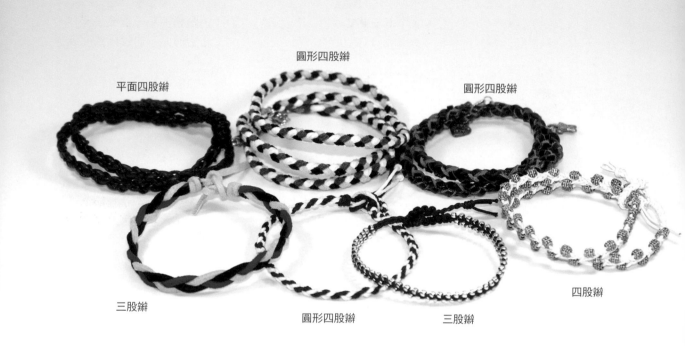

圓形四股辮

平面四股辮

圓形四股辮

三股辮

四股辮

圓形四股辮

三股辮

A｜三股辮編法

繩結記號

|3|

1 準備三條繩子。

2 如圖示，將三條繩子分成左邊一條、右邊兩條。

3 將右邊外側繩子（黃繩）往中間移動，放到另一邊的內側，就變成了左邊兩條、右邊一條。

4 接著將左邊外側繩子（藍繩）放到另一邊的內側。

5 然後輪到右邊紅色繩子，接下來都以相同方式重複編織。

6 左右邊會不斷輪流變成一條／兩條。

7 如果想讓繩結編得寬鬆，編織時將繩子抓遠一點；如果想編得細密，就將繩子抓近一點。

8 三股辮完成的樣貌。

繩結記號

|4|

1 準備四條繩子。

2 如圖示，將四條繩子分成左邊三條、右邊一條。

★四股辮與三股辮的編織方式是一樣的，只不過三股辮分為兩條／一條，而四股辮則是分為三條／一條。

3 將左邊的最外側繩子（綠繩）放到另一邊的內側。

4 當右邊變成兩條繩子後，將最外側繩子（紅繩）放到另一邊的內側。

5 左右邊繩子的個數會以「三條／一條 → 兩條／兩條 → 三條／一條…」的形式不斷轉變。

6 四股辮完成的樣貌。

C｜平面四股辮編法

繩結記號

1 平面四股辮是四股辮的變化型。準備四條繩子。

2 如圖示，將四條繩子分成左邊三條、右邊一條。

3 將左邊的最外側繩子穿過另外兩條繩子之間，放到另一邊的內側。

4 這時候會形成左右邊各兩條繩子。

5 與編織四股辮的方法相同，將右邊最外側繩子放到另一邊的內側。

6 其中一邊再次變成三條繩子後，將最外側的繩子穿過另外兩條繩之間，並放到另一邊的內側。

7 再度形成左右邊各有兩條繩子的狀態。

★如果將三條繩那邊的最外側繩子直接往另一邊放就是四股辮；如果是將繩子穿過另外兩條繩之間再放到另一邊，就是平面四股辮。

8 平面四股辮完成的樣貌。如果使用兩條粗細不同的繩子編製，形成的繩結會更漂亮。

D｜圓形四股辮編法

繩結記號

1 圓形四股辮也是四股辮的變化型。準備四條繩子，將兩邊平分成兩條後開始編織。

2 將右邊的外側繩子，朝著左邊的內側繩子，由後往前繞。

3 稍微拉緊後，右邊兩條繩子的位置會互換。

4 將左邊的外側繩子，朝著右邊的內側繩子，由後往前繞再拉緊。

5 如果是其他編織方式，繩子會左右交叉，但在圓形四股辮中，右邊繩子會在右邊互相交換位置，左邊繩子則在左邊互換位置。

6 輪流編織左右邊的繩子。

7 請熟練到可以單手抓住四條繩子，並將編出的繩結整齊地往起始端排列。

8 如果中途錯過任何一條繩子，就會很難分辨。遇到此情況時，可以反過來一步步解開觀察，找回編織順序。

9 單單只用粗繩來編織圓形四股辮，便能打造帥氣的繩結飾品，與其他繩結也可以和諧搭配。

10 圓形四股辮的樣貌。

圖騰繩結

圖騰繩結作品具有多樣配色且連續的特定圖樣。繩結作法根據繩子的方向分為四種，只要掌握基本編法，光看圖樣就能編織出來。一個繩結的構成可分為兩個編織步驟，為了幫助理解，本書以「1/2循環」和「2/2循環」做區分。繩結記號中的箭頭方向就是編織繩的移動方向，也就是說，完成繩結後，編織繩的位置應該與箭頭指向一致。

A｜左向圖騰繩結編法

繩結記號

左→左

箭頭向左的型態

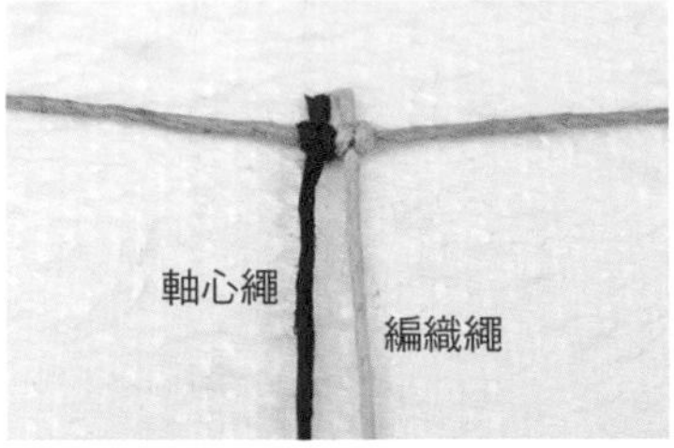

1 以左繩為軸心繩，右繩為編織繩。

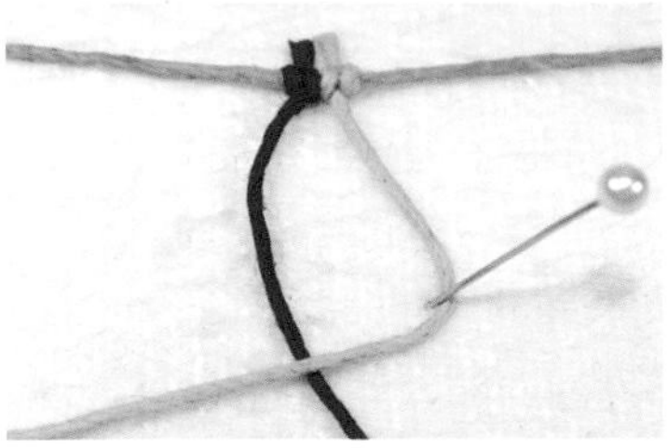

2 首先將編織繩放在軸心繩上方。

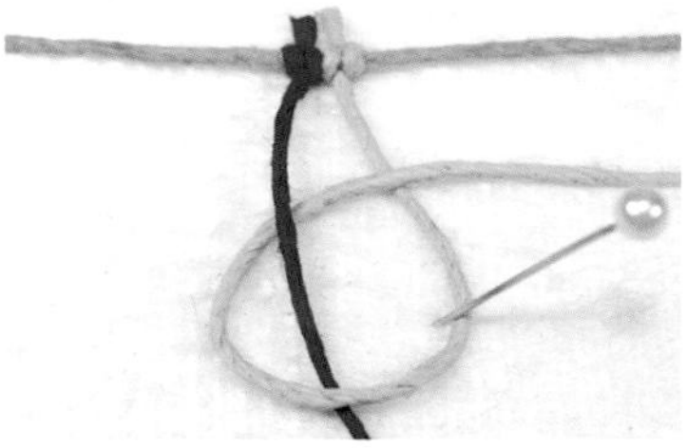

3 將編織繩纏繞軸心繩，並從右側上方抽出。

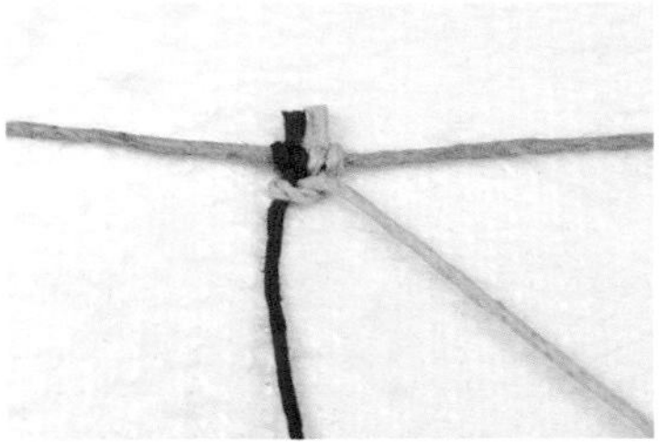

4 拉緊後即完成繩結的1/2循環。

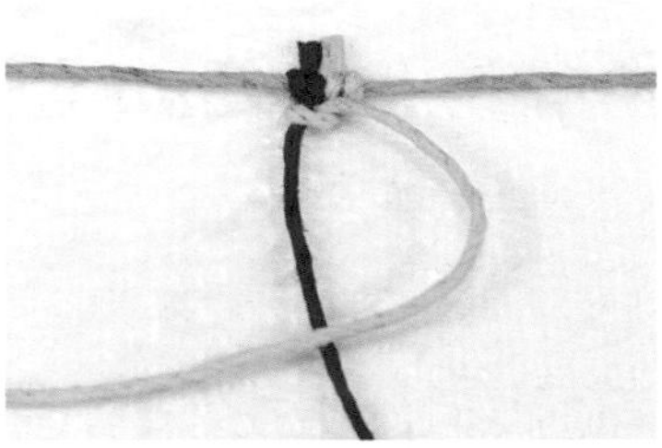

5 接著重複相同步驟。將編織繩放在軸心繩上方。

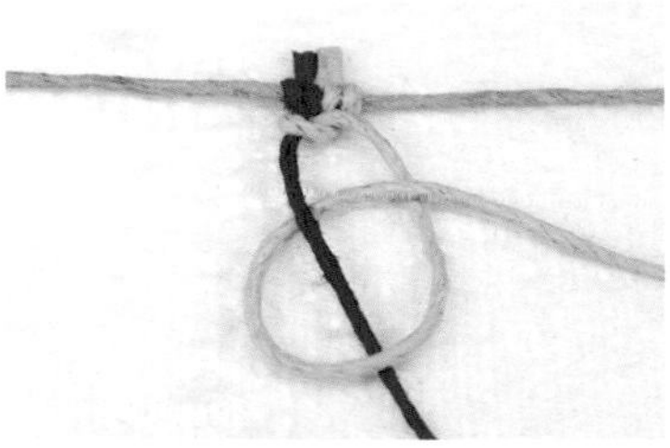

6 將編織繩纏繞軸心繩，並從右側上方抽出。

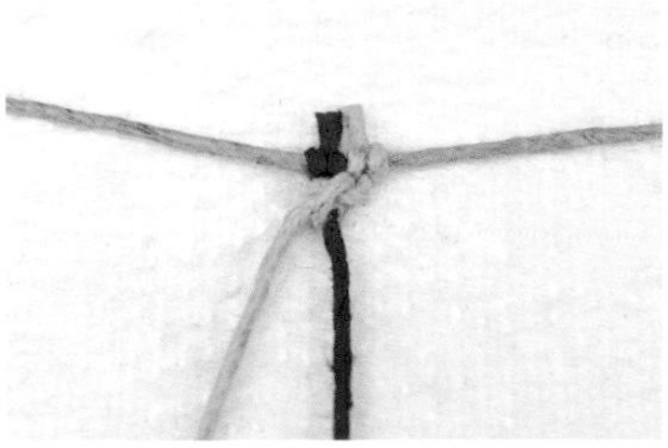

7 拉緊後即完成繩結的2/2循環。編織繩會從原本的右側移動到左側。

★編織繩會覆蓋在軸心繩的上面，也就是說，繩結的繩色會是編織繩的顏色。

B｜左一右圖騰繩結編法

繩結記號

左→右

箭頭從左向右彎曲的型態

像「A左向圖騰繩結」一樣從「左側」開始，所以先**重複A的步驟1～4**。

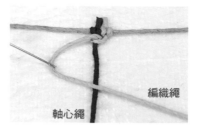

5 為使編織繩在完成繩結後移動到右側，所以將編織繩放到左側後再開始。

6 將編織繩纏繞軸心繩，並從左側上方抽出。

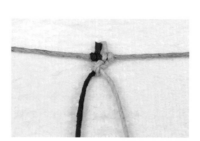

7 拉緊繩子即完成繩結。黃色編織繩會覆蓋在紅色軸心繩上面，且編織繩會在右側。

C｜右向圖騰繩結編法

繩結記號

右→右

箭頭向右的型態

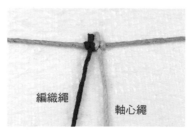

1 以左繩為編織繩，右繩為軸心繩。

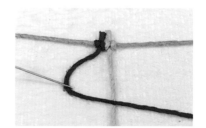

2 繩結編法與上述相同，差別只在於繩子方向。將編織繩放在軸心繩上方。

3 將編織繩纏繞軸心繩，並從左側上方抽出。

4 拉緊繩子即完成繩結的1/2循環。

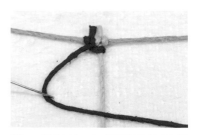

5 繩結的2/2循環與前述相同。先將編織繩放在軸心繩上方。

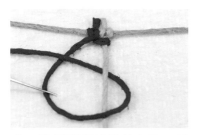

6 將編織繩纏繞軸心繩，並從左側上方抽出。

7 拉緊繩子即完成繩結。繩結顏色會是編織繩的紅色，編織繩也從左側移動到右側。

D｜右一左圖騰繩結編法

繩結記號

右→左

箭頭從右向左彎曲的型態

像「C 右向圖騰繩結」一樣從「右側」開始，所以先**重複C的步驟1～4**。

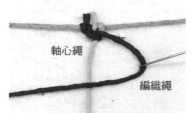

軸心繩

編織繩

5 為使編織繩在完成繩結後移動到左側，所以將編織繩放到右側後再開始。

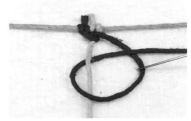

6 將編織繩纏繞軸心繩，並從右側上方抽出。

7 拉緊繩子即完成繩結。繩結顏色會是編織繩的紅色，且編織繩會在左側。

★以軸心繩為基準，編織繩方向須保持在箭頭所指方向。

三色圖騰手環

以圖騰繩結編織而成的手環，經常被稱為「Misanga」，該手環因巴西足球選手們佩戴而出名。Misanga有實現願望的意涵，最廣為人知的說法是，佩戴後不解開，當繩結隨著時間流逝而自動斷裂的那一刻，願望就會實現。

材料

◆ 麻繩（1mm）紅色 220cm
◆ 麻繩（1mm）天藍色 200cm
◆ 麻繩（1mm）白色 230cm

學習重點

1　熟悉分辨圖樣的方法
2　理解顏色的表現方式

編織圖

這是適合作為練習的圖案樣式，總共利用六條線與三種配色來表現。以四列為一個循環，是相較簡單的圖樣，四列內共包含四種圖騰繩結編法，不僅能熟練圖案方向的轉換，也能幫助初學者熟悉如何分辨圖樣。

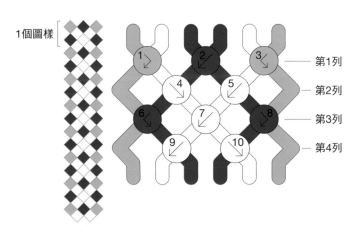

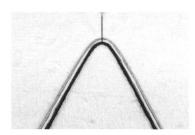

1 將三條繩子對折後，固定中心點。

2 以兩條為軸心繩，一條為編織繩，利用雀頭結（→P22）編織出扣環。

3 將扣環部分對折，就會形成六條繩子。開始進行以四列為一循環的編織。

第1列

□ 1號：編織右─左圖騰繩結
□ 2號：編織左向圖騰繩結
□ 3號：編織左─右圖騰繩結

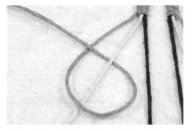

4 編織圖1號：以左側藍繩編織繩結 1/2 循環。

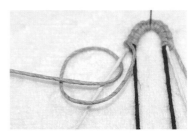

5 以左側藍繩編織繩結 2/2 循環。

6 編織圖2號：以紅繩編織繩結 1/2 循環。

7 以紅繩編織繩結 2/2 循環。

8 編織圖3號：以右側藍繩編織繩結 1/2 循環。

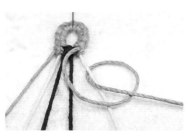

9 以右側藍繩編織繩結 2/2 循環。

10 第1列完成。

第2列

□ 4號：編織右向圖騰繩結
□ 5號：編織左向圖騰繩結

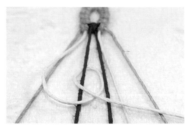

11 編織圖4號：以左側白繩編織繩結 1/2循環。

12 以左側白繩編織繩結 2/2循環。

13 編織圖5號：以右側白繩編織繩結 1/2循環。

14 以右側白繩編織繩結 2/2循環。

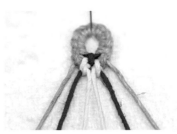

15 第2列完成。

第3列

□ 6號：編織左─右圖騰繩結
□ 7號：編織左向圖騰繩結
□ 8號：編織右─左圖騰繩結

16 編織圖6號：以左側紅繩編織繩結 1/2循環。

17 以左側紅繩編織繩結 2/2循環。

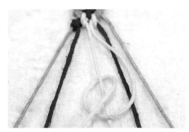

18 編織圖7號：以白繩編織繩結 1/2循環。

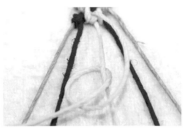

19 以白繩編織繩結 2/2循環。

20 編織圖8號：以右側紅繩編織繩結 1/2循環。

21 以右側紅繩編織繩結 2/2循環。

22 第3列完成。

第4列

□ 9號：編織左向圖騰繩結
□ 10號：編織右向圖騰繩結

23 編織圖9號：以左側白繩編織繩結 1/2循環。

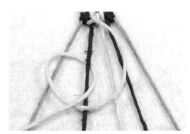

24 以左側白繩編織繩結 2/2循環。

25 編織圖10號：以右側白繩編織繩結 1/2循環。

26 以右側白繩編織繩結 2/2循環。

27 第4列完成。

28 編織1～4列，即完成一個圖樣。請根據手圍尺寸調整重複的次數。

29 收尾方式是以三條線為單位，分別編織三股辮（→P38）。

30 將三股辮綁緊在扣環上，即可佩戴。

輪結

因為作法簡單，任何人都可以輕鬆地學習，甚至容易教學。使用的軸心繩粗細，會決定繩結的大小。

材料

◆ 麻繩（1mm）黃色 120cm
◆ 麻繩（1mm）紅色 120cm
◆ 麻繩（1mm）綠色 120cm

學習重點

1 熟練輪結的編法
2 在編織輪結時變換顏色

繩結記號

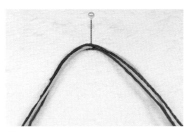

1 將三條繩子對齊後，取其中一端的30cm處固定為中心點。

2 編出3～4cm的三股辮（→P38），作為扣環。將扣環部分對折後，就會形成六條線。

3 以其中較短的三條繩子作為軸心繩，較長的另外三條則同時有軸心繩與編織繩兩種作用。

4 以長繩中的紅繩作為編織繩，往右側抽出，將其餘五條繩子固定為軸心繩。

5 將編織繩穿過軸心繩的下方處。

6 將編織繩纏繞軸心繩，並往右側抽出。

7 拉緊編織繩後，即完成輪結的一個循環。

8 接下來重複前述步驟。

9 這是完成12個循環的樣貌，繩結會呈現順時針旋轉。如果想編織逆時針旋轉的模樣，從左側開始編織即可。

10 接下來改變編織繩的顏色，做出不同顏色的繩結。先按照上述作法（步驟6）擺放繩子。

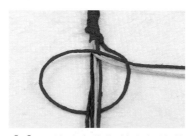

11 將原本作為軸心繩的黃繩穿過編織繩的環圈，往右側放過去。

12 將原本作為編織繩的紅繩拉緊後往後繞，與軸心繩一起固定住。

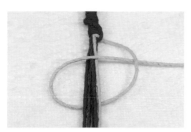

13 如此一來，編織繩就從紅色變成黃色。

14 以黃繩編織12個循環後，用前述相同作法，將編織繩變成綠繩。

15 持續以相同作法變換編織繩，並編到符合手圍的長度。

16 因為有六條線，最好的收尾方法是編織兩條三股辮（→P38）。

17 編出兩條7cm的三股辮，接著各打一次結並剪掉多餘部分。

18 將三股辮的其中一條穿過扣環後再綁緊，即可佩戴。

繞線繩結

這是以纏繞方式形成的繩結，外觀為螺旋狀，繩結大小會依纏繞的圈數而改變。這裡將介紹在繩結工藝中，經常使用的形式。

材料

- ◆ 皮繩（1mm）150cm
- ◆ 銀色磨砂球（10mm）×3個
- ◆ 吸管×1支

學習重點

1 熟練正向繞線繩結

2 熟練反向繞線繩結

3 利用繞線繩結調節繩子並收尾

繩結記號

1 將吸管剪成3cm。

★如果已經熟練繞線繩結，即使沒有工具也可以輕鬆完成，但初學者使用工具更容易塑形。

2 從繩子的其中一端開始編織繩結。

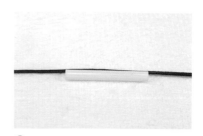

3 將剪下來的吸管放在繩子下方。

4 使用拇指及食指同時抓住繩子與吸管。

5 將繩子纏繞吸管一圈（如圖示），再重複相同動作。從吸管末端往手的方向纏繞，纏繞越多圈，繩結就越大。

6 纏繞吸管五圈的樣子。

7 改用另一隻手抓住纏好的部分。

8 將用來纏繞的繩子穿過吸管中間。

9 接著把吸管抽出來。

10 抽出後會呈現寬鬆的繩結樣貌，用手依纏繞方向邊轉動邊拉緊繩子。

11 完成一個繞線繩結。

★留意不能太大力拉，請以捲麻花的感覺來轉動、拉緊繩子。

12 保留7cm的長度（之後用於調整繩子長度），開始編下一個繩結。

13 接著以1cm為間距，持續編織繞線繩結。

14 這是編織四次繞線繩結的樣子。

★ 繞線繩結的大小是依纏繞吸管的圈數而決定，圖為纏繞五次的模樣。

15 串上一顆銀色磨砂球作為點綴，再進行一次繞線繩結。

16 持續相同步驟，總共串上三顆銀色磨砂球後，再以1cm為間距進行四次繞線繩結。

17 完成後，準備編織可以調整手環長度的繞線繩結來做收尾。

18 同時抓起吸管、繩子尾端和前端繩子（步驟12預留的7cm繩子）。

19 將前端繩子緊貼在吸管內側，並用尾端繩子纏繞吸管。

20 纏好後將繩子穿過吸管中間，再抽掉吸管。

21 預留的7cm繩子會穿入最後一個繞線繩結中。將剩餘繩子打一次結並剪掉多餘部分。

22 只要撐開手環，繩子就會被拉開，佩戴空間也會變大。

23 佩戴在手腕上後，再依手圍調整繩子長度。

24 以繞線繩結製作的手環即完成。

B｜不用工具輔助的編法

1 抓住繩子的一端。

這條繩子在上方

2 彎成一個圓圈。

3 纏繞剛剛做出的環圈。

4 纏到需要的尺寸長度。

5 用手壓住纏好的部分。

6 將繩子穿過環圈。

7 把繩子拉成麻花狀再拉緊即完成。

約瑟芬結

此繩結的特點在於具有鮮明的左右對稱外觀,能夠形成漂亮結構。在 Macramé 中,以約瑟芬結的名稱而聞名,但在非繩結工藝的領域中,經常被稱為「Carrick bend」,適用於將粗重的繩索綁在一起。

材料

◆ 棉繩(細紗 1mm)紅色 130cm
◆ 棉繩(細紗 1mm)黃色 170cm

學習重點

1 熟練約瑟芬結的編法
2 用兩條以上的繩子編織約瑟芬結

繩結記號

1 將兩條繩子的正中央固定為中心點後，編織一次蛇結（→P35），形成扣環。

2 用右繩在左繩上方繞出一個圓圈。

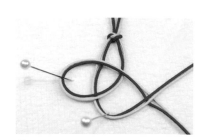

3 將位於下方的左繩，橫跨在右繩上方。

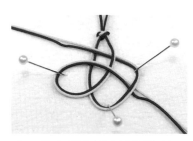

4 將左繩穿過上面兩條線，先從第一條下方穿過，再從第二條上方抽出。

5 如圖示，再將左繩穿過左下方三條線。

6 拉緊兩側的繩子定型，即完成一個約瑟芬結。

★拉繩子時，特別注意不去動到外側繩子與內側繩子的對應位置，才能形成對稱的繩結。

7 第二次繩結則是用左繩繞出圓圈。

8 將右繩橫跨在左繩上方。

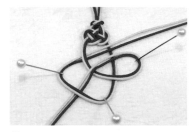

9 將右繩穿過上面兩條線，先從第一條下方穿過，再從第二條上方抽出。

10 如圖示，再將右繩穿過右下方三條線。

11 完成兩次約瑟芬結。

★如果繩結沒有左右交替編織的話，成品將會彎曲不平整。

12 這是左右交替編織六次約瑟芬結的樣貌。

13 重複步驟直到編出適合手圍的長度。

14 接著打一次蛇結，即可進行收繩。

15 用鉗子固定收繩配件，再剪掉多餘的繩子。

16 將金屬扣環固定在配件。

17 佩戴時，將手環兩端扣在一起即完成。

★ 編織約瑟芬結時，保持繩結間的間隙很重要，因此粗繩會比細繩更合適，結實的繩子也會比柔軟的繩子更適合。

土耳其結

英文名稱為「Turk's head knot」，取自土耳其人使用的包頭巾，也有「土耳其人的繩結」之意。有4×4、4×5、4×6、4×7、5×7等多種樣式，平展型又可區分為內側繩結和外側繩結。

學習重點

1 熟悉4×4土耳其結
2 變化三種型態

繩結記號

繩結型態

① 平展型

② 指環狀

③ 珠狀

1 準備一條約100cm長的 2mm皮繩。

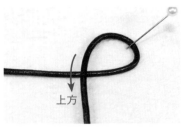

2 由於土耳其結的形態就像花朵，為了幫助理解，接下來會以編織花瓣的方式表達。首先將繩子繞出一個圈，製作第一個花瓣。

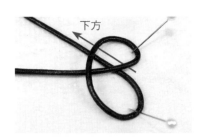

3 在製作第二個花瓣時，將繩子繞圈、往第一個花瓣的下方抽出。

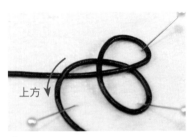

4 接下來製作第三個花瓣，將繩子往下拉。

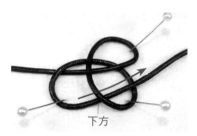

5 再將繩子往右穿過第二個花瓣之間。

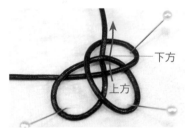

6 然後在繩子穿越第二與第一個花瓣的重疊部分時，以「上→下」的順序穿過兩條線。

7 接下來製作第四個花瓣。

8 這次將繩子穿過第三個花瓣之間。

9 接著在繩子穿越第三與第二個花瓣的重疊部分時，以「上→下」的順序穿過兩條線。如此便完成了一個花朵的模樣。

10 將繩子重複與第一個花瓣相同的步驟。

11 重複與第二個花瓣相同的步驟。

12 重複與第三個花瓣相同的步驟。

13 按照編織順序製作到最後一個花瓣，繩子就會回到最一開始的位置。

14 以相同作法纏繞三圈後，依照起始順序慢慢拉緊繩子，就會出現平展型的繩結。

15 如果將中心撐開後再拉緊，就會形成指環狀。

16 如果在指環的狀態下，將繩子拉得更緊，就會變為珠狀。

PART 3

————————

應用繩結變化
的造型手環

浪漫心形 手環

心形圖案是利用編織三個雙向平結而構成，製作時要特別注意軸心繩的替換，以及不同顏色繩結的交疊處。注意心形圖案別被旁邊相連的繩結覆蓋，圖案才會更立體鮮明。

Tip

使用的繩結記號

雙向平結（P16）

材料

◆ 麻繩（1mm）紅色 150cm×1條
◆ 麻繩（1mm）黃色 150cm、70cm各1條

編織圖

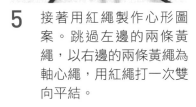

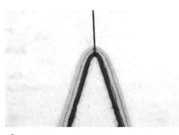

1 將繩子對折後，固定中心點。三條繩子由內到外依序為紅繩、70cm黃繩與150cm黃繩。

2 利用雀頭結（→P22）製作出扣環。

3 以內側四條繩子為軸心繩、150cm黃繩為編織繩，打出雙向平結。第一個繩結有固定扣環的作用，必須編得紮實。

4 完成三次雙向平結。如果想增加每個心形的間距，可以多重複幾次。

5 接著用紅繩製作心形圖案。跳過左邊的兩條黃繩，以右邊的兩條黃繩為軸心繩，用紅繩打一次雙向平結。

6 用來呈現心形的紅繩位置要覆蓋在黃繩上方。

7 將左邊兩條黃繩放回來，並固定為軸心繩，而右邊的黃繩則往旁邊放。

8 用紅繩打一次雙向平結。

9 將先前往旁邊放的右側黃繩放回中央，並固定為軸心繩後，再用紅繩打一次雙向平結。

10 這是完成三次雙向平結後，呈現的心形圖案。

11 現在要用外側的黃繩編織雙向平結。將繩子排列成與開頭一致的順序，再打雙向平結。

12 在重疊部分不要讓黃繩蓋過紅繩，心形圖案才會好看。

13 持續重複相同步驟（編織三次雙向平結與心形圖案），直到長度符合手圍。

14 收繩時編織兩條三股辮（→P38）。

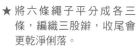

★ 將六條繩子平分成各三條，編織三股辮，收尾會更乾淨俐落。

15 編織完三股辮後，利用繞線繩結（→P55）做最後收尾。

16 雙向平結與心形圖案之間要編得緊密，才能製作出漂亮的手環作品。

古典八字繩結手環

這是運用兩種紋理相互交叉而呈現數字「8」的手環。編織時請將重點鎖定於繩子在打斜卷結之前與之後的位置差異。搭配在手環中的串珠只要更換位置，就能做出完全不同風格的作品。

材料

◆ 麻繩（0.7mm）薄荷色 170cm×2條
◆ 麻繩（0.7mm）紫色 100cm×1條
◆ 金屬球（3mm）×16個

Tip

使用的繩結記號

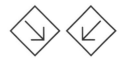

左斜卷結、右斜卷結（P30）

編織圖

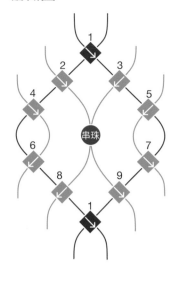

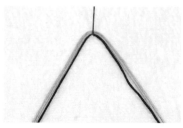

1 以紫色繩子為軸心繩，薄荷色繩子為編織繩。對折後固定中心點。

2 利用雀頭結（→P22）製作扣環後，將軸心繩放在中央。

3 用兩條軸心繩編一次左斜卷結。（編織圖1號）

4 用靠內側的兩條編織繩，纏繞軸心繩、編斜卷結。（編織圖2～3號）

5 用靠外側的兩條編織繩，纏繞軸心繩、編斜卷結。（編織圖4～5號）

6 當編織繩全部移到軸心繩內側時，轉換兩條軸心繩的方向。

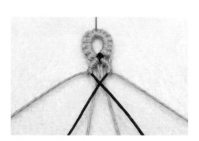

7 用靠外側的兩條編織繩，在軸心繩上分別編斜卷結。（編織圖6～7號）

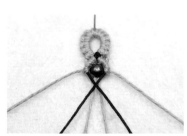

8 在靠內側的兩條編織繩上穿入串珠。

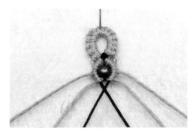

9 將穿入串珠的編織繩，往左右兩側的軸心繩上分別編織斜卷結。（編織圖8～9號）

10 繩結包覆串珠後，兩條軸心繩會在中間交會，將右側那一條固定為軸心繩，編織左斜卷結。（編織圖1號）

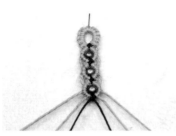

11 重複相同步驟後，就會編出數字「8」的繩結造型。

12 編織到適合長度即可。在收繩之前，如果繩子間距過大，辮子可能會往單側傾斜，所以要先收攏繩子。

◆ 收攏繩子

編織圖

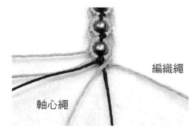

軸心繩　編織繩

軸心繩　編織繩

13 （以步驟12圖示的繩子排序為基準）最右側的繩子為軸心繩，並以其相鄰的繩子為編織繩，編織斜卷結。

14 接著，以剛剛編織斜卷結的兩條繩子為軸心繩，並用內側的繩子來編織斜卷結。

15 如此一來，間隔開的繩子就會集中在一起。另一邊也用相同方式來打繩結。

16 這是左右兩側的繩子都收攏後的樣子。不論是八條或十條繩子，都可以用相同方式處理。

17 將繩子收攏後再編三股辮，收尾就會顯得更加乾淨俐落。

民族風雙重
八字手環

在前篇的八字繩結手環中，使用了兩條軸心繩，雙重八字手環則會使用四條軸心繩，因此會形成兩個數字「8」的造型。在軸心繩上纏繞編織繩時，可以仔細觀察繩結的樣貌，如果能透徹理解八字與雙重八字的差異，就能靈活應用於三重、四重八字繩結。

材料

- ◆ 尼龍繩（0.5mm）綠色
  120cm×2條
- ◆ 尼龍繩（0.5mm）金色
  220cm×2條
- ◆ 星形串珠（4mm）×17個
- ◆ 銅色金屬球（2mm）×34個
  編織此手環建議使用0.7mm的麻繩或0.5mm的尼龍繩。尼龍繩夠細且纏繞性佳，非常適合用於著重細膩感的作品。

Tip

使用的繩結記號

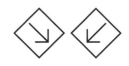

左斜卷結、右斜卷結（P30）

編織圖

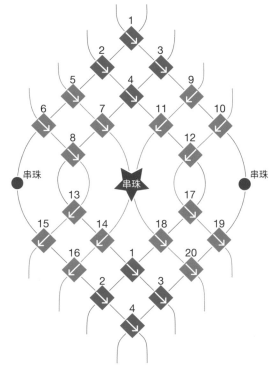

串珠 ● 串珠 ● 串珠

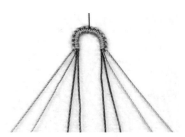

1 將四條繩子對折後固定中心點。以綠繩為軸心繩，金繩為編織繩。

2 利用雀頭結（→P22）編織出扣環，並如圖示擺放繩子順序。

3 利用四條軸心繩開始編織左斜卷結。

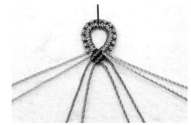

4 參照編織圖1～4號的順序，分別以編號上的兩條繩子編織左斜卷結。

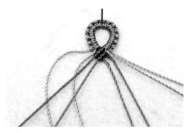

5 接著，以左側的兩條金色編織繩，依序纏繞左側的兩條軸心繩。

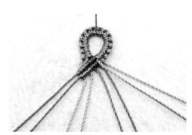

6 參照編織圖5～8號的順序，完成編織。

7 另一邊也一樣，以右側的兩條金色編織繩，纏繞右側的兩條軸心繩。

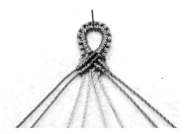

8 參照編織圖9～12號的順序，完成編織。

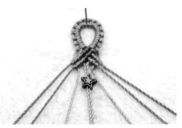

9 在中間的兩條繩子穿入星形串珠，也可以活用其他繩結來代替串珠。

10 在最外側的軸心繩穿入銅色金屬球。

★ 當相同的繩結重疊時，外側的繩結會產生空隙，因此要利用金屬球填補。

11 改變左側軸心繩方向，用左側兩條編織繩依序編斜卷結。注意別讓繩子與串珠間產生空隙。（編織圖13～16號）

12 右邊也用與前述相同的方式編織。

13 參照編織圖17～20號完成編織。

14 四條軸心繩會再次於中間交會，接著重複編織圖1～4號的步驟。

15 按照相同步驟進行，就會呈現「8」的繩結造型，而且8字形的紋理會變成兩層，這便是雙重八字繩結。

16 在收繩之前，先在八字繩結的末端進行收攏繩子（→P73）的作業。

17 從最外側繩子開始固定為軸心繩並向內編織，下一次將該編織繩加入為軸心繩繼續編織。（左右邊作法相同）

18 因為有八條線，這裡以編織兩條圓形四股辮（→P38）來收尾。

19 民族風雙重八字手環即完成。

★ 如果在雙重八字繩結中，增加兩條軸心繩，就會變成三重八字繩結。

亮麗俏皮
小花手環

手環上有著一朵朵相連的花朵，小巧又可愛。只要熟練左、右雀頭結，不用花太多時間就能完成。

Tip

使用的繩結記號

左雀頭結、右雀頭結（P22）

材料

- ◆ 細紗繩（1mm）桃紅色 100cm×1條
- ◆ 細紗繩（1mm）黃色 250cm×1條

編織圖

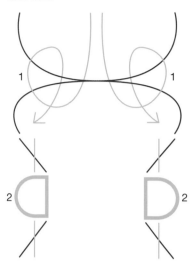

1 將兩條繩子對折後固定中心點。

2 利用蛇結（→P35）製作扣環。

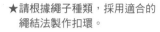

★請根據繩子種類，採用適合的繩結法製作扣環。

3 以桃紅繩作為軸心繩，讓左右側軸心繩相互交叉。

4 以黃繩作為編織繩，將右編織繩在軸心繩交叉處由後往前纏繞一圈。（編織圖1號）

5 左編織繩也在軸心繩的交叉處纏繞一圈。（編織圖1號）

6 將繩子拉緊定型。

7 用右側的編織繩在軸心繩上編織右雀頭結。（編織圖2號）

8 用左側的編織繩在軸心繩上編織左雀頭結。（編織圖2號）

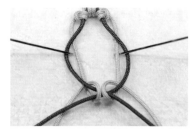

9 重複一開始的作法，讓軸心繩相互交叉後，將編織繩在交叉處纏繞一圈。

10 將繩子拉緊，即完成黃色小花的繩結造型。

11 反覆進行「編織雀頭結
　　 —交叉處纏繞」的動作
　　 即可。

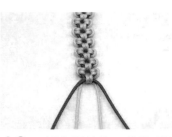

12 編完繩結後，若發現形
　　 狀不太一致，可以利用
　　 錐子等尖銳工具調整小
　　 花的模樣。

13 在收繩之前，可以像起
　　 始一樣編織蛇結，防止
　　 鬆脫。

14 最後利用圓形四股辮
　　 （→P38）收尾。

15 小花造型手環即完成。

★ 每個繩結法都有適合使用的繩子，
　 尋找哪一種繩子適合什麼繩結也是
　 箇中樂趣。

寬版波浪
手環

擁有夏威夷波浪、祕魯波浪等多樣化名稱，但製作方法只有一個。軸心繩會以「之」字形移動，進而形成波浪狀，所以只要改變軸心繩的角度，就能做出不同曲度的波浪。此外，因為僅應用了斜卷結，這款手環可說是觀察斜卷結編織紋理的最佳範例。

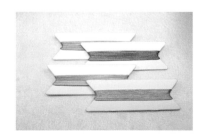

Tip

使用的繩結記號

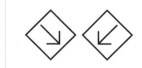

左斜卷結、右斜卷結（P30）

材料

- 尼龍繩（1mm）粉紅色 150cm×1條
- 尼龍繩（1mm）天藍色 150cm×1條
- 尼龍繩（1mm）黃色 150cm×1條
- 尼龍繩（1mm）淡紫色 150cm×1條

編織圖

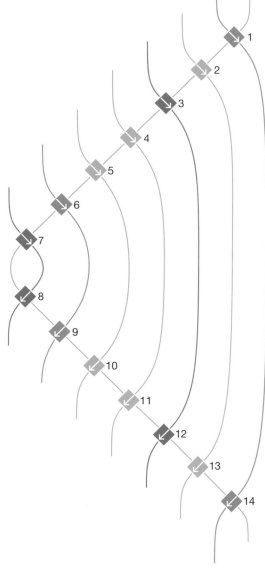

1 將四條繩子對折後固定中心點。

2 利用四股辮（→P38）編織出扣環。

3 將最中間的兩條繩子打結，以防止扣環鬆開。

4 在這裡的打結方式主要採用圖騰繩結（→P44），也可以用其他繩結打法。

5 抽出右側的一條繩子，並將其餘繩子排列好。手環的顏色將按照此處排列的順序構成。

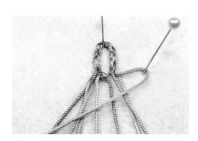

6 抽出的最右側繩子是軸心繩，其餘七條繩子都是編織繩。

7 將編織繩由右至左依序纏繞軸心繩，編織左斜卷結。（編織圖1～7號）

8 改變軸心繩至反方向。

9 接著依相反順序纏繞軸心繩，編織右斜卷結。（編織圖8～14號）

10 重複同樣的作法，依照軸心繩移動的方向逐一編織。

11 波浪大小會根據軸心繩的移動而改變，可以利用軸心繩調整曲線。

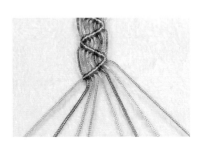

12 持續編織到所需長度後，再將分散的繩子收攏（→P73）。

13 總共有八條線，因此平分收攏四條線。

14 接著分別編織圓形四股辮（→P38）至7cm左右長度。

15 最後收尾則使用簡單的繞線繩結（→P55）。

16 寬版波浪手環即完成。

★ 在製作波浪手環時，繩結的紋理是依照軸心繩的移動方向而形成，所以可以按喜好變化喔！

前面我們已經學會圖騰繩結（Misanga）的編法，以及分辨圖樣的方法，所以只要看著圖案就能編出好看的繩結手環。接下來介紹30種圖案，幫助大家認識更多樣的圖案構成、繩子方向的轉變，以及顏色表現方式，只要都清楚掌握，就可以自創出獨一無二的圖案。

6線圖騰

8線圖騰

12線圖騰

製作繩結作品時，一般採用偶數的對稱圖案，但有時顏色或繩子的數量可能是奇數，這種時候就不適用現有的製作方法。以下將介紹在這種情況下可以採用的作法，示範例子是使用五條繩子、呈現四種顏色的圖案。

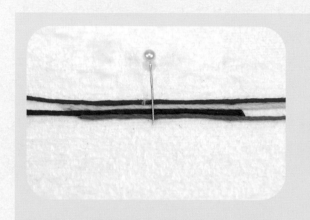

1　假設現在分別有兩條紅色、一條黃色、一條藍色、一條橘色的繩子。以兩條紅色繩子的連接處為中心點，其餘的繩子則如圖示擺放。

2　將紅色繩子以雀頭結纏繞其餘繩子，製作出扣環。

3　將黃色、藍色、橘色繩子稍微突出的部分剪除，以對齊扣環的長度。在接下來的編織過程中，因為有雀頭結固定住繩子，所以不會鬆開。

4　將扣環對折後就能開始編織繩結。如此一來，即便是奇數也可以順利進行。

進階應用

　　閱讀到此想必各位已經充分掌握繩結的基礎，接下來要學習如何活用，製作出更多變的造型。首先對於繩結應用的認知，應該是「填滿空間」的概念，也就是在空間裡加入各種繩結與串珠等輔助材料，並把每個部分有效連接起來。例如，製作寬度為3cm、長度為15cm的手環，要先畫出3×15cm的四角形框架，再用各種繩結與串珠填滿它。

　　理解完填滿空間的概念後，接著是繩結之間的關係。假如現在手上有四條繩子，可以採用什麼樣的繩結方法呢？如果要用這四條繩子編織雙向平結，那麼從雙向平結變形成什麼繩結會是最自然的呢？請試著思考看看各種可能性。

　　在這本書中整理了許多可以幫助理解以上內容的所需知識，即便很難在一開始就完全理解，但只要堅持不懈地練習，以後無論看到什麼樣的繩結作品，都能一眼看出繩子的走向，而且只要看著圖片，就能跟著做出一樣的繩結。接下來會教學更複雜的手環編織方式，讓各位了解如何在一條手環中結合不同繩結，跟著一起試做看看，並同時思考手環的構成吧！

寶石菱形
手環

這條手環是透過斜卷結來設定框架，打造出菱形的造型，並搭配雙向平結與雀頭結將各個菱形串聯起來。各個部分都可以靈活運用，請仔細觀察所使用的繩結最後會變成什麼模樣吧！

材料

- 尼龍繩（0.5mm）金色 340cm×1條
- 尼龍繩（0.5mm）金色 210cm×2條
- 尼龍繩（0.5mm）金色 120cm×1條
- 銀球（2mm）×24個
- 爪鑲寶石串珠（6mm）×1個

Tip

使用的繩結記號

雙向平結
（P16）

左雀頭結、右雀頭結
（P22）

左右結
（P27）

左斜卷結、右斜卷結
（P30）

左向圖騰繩結
（P44）

編織圖①

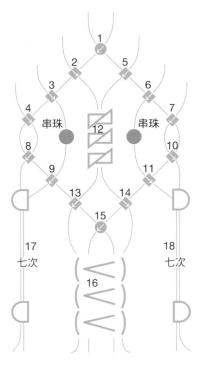

1 將四條繩子對折後固定中心點。最外側放340cm的繩子，最內側則放120cm的繩子。

2 用最外側的繩子編織雀頭結，製作出扣環。

★在後續的步驟中，編織環圈時也會使用雀頭結。

3 將中間的兩條繩子編織一次左向圖騰繩結（編織圖①_1號）。再利用兩邊的三條繩子來填滿空間。

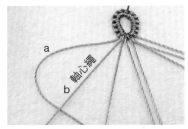

4 首先以左側數來第二條繩子（b）為軸心繩，編織第一條繩子（a）。

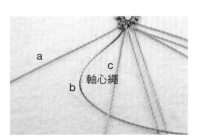

5 這次以左側數來第三條繩子為軸心繩（c），編織第二條繩子（b）。

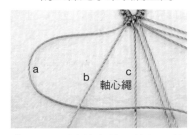

6 以左側數來第三條繩子為軸心繩（c），編織第一條繩子（a）。此時的編織順序是從右至左。

7 右半邊以相同作法編織。

★從步驟4到7的過程，都是為了在編織主繩結前，利用斜卷結填滿可能產生的空隙。

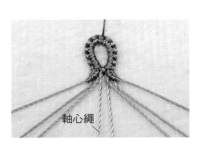

8 開始編織主繩結。在中間的兩條繩子，先以左繩為軸心繩，將左半邊的三條繩子依序編織斜卷結。（編織圖①_2～4號）

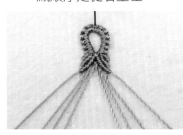

9 右半邊也使用相同的作法，編織斜卷結。（編織圖①_5～7號）

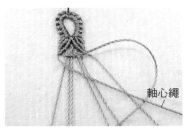

10 將左半邊的軸心繩改變方向後，按相反順序編織。先用靠外側的繩子編織斜卷結。（編織圖①_8號）

11 如圖示,第二條繩子穿入一顆銀球,再編織斜卷結。(編織圖①_9號)

12 將右半邊的軸心繩改變方向,以同樣方式進行編織。

13 靠外側的第一條繩子編斜卷結,第二條穿入銀球後再編斜卷結。(編織圖①_10～11號)

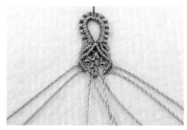

14 將中間剩下的兩條繩子編織三次左右結。(編織圖①_12號)

15 將編織完左右結的兩條繩子,分別在兩邊軸心繩上編織斜卷結。(編織圖①_13～14號)

16 最後在軸心繩的交會處,利用圖騰繩結來完成菱形圖樣。(編織圖①_15號)

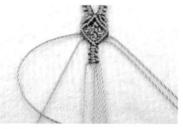

17 將內側的四條繩子,以中間兩條為軸心繩,編織三次雙向平結。(編織圖①_16號)

18 在左邊的兩條繩子中,以內側繩子為軸心繩,編織七次雀頭結。(編織圖①_17號)

19 在右邊的兩條繩子中,以內側繩子為軸心繩,編織七次雀頭結。(編織圖①_18號)

20 重複編織圖①完整步驟共五次後,再進行一次1～15號的步驟,就可以開始製作中心部分(編織圖②)。

編織圖②

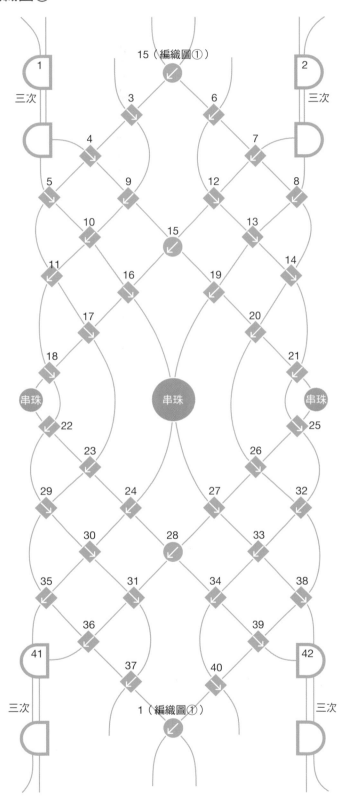

15（編織圖①）

1　三次

2　三次

3

6

4

7

5

9

12

8

10

15

13

11

16

19

14

17

20

串珠

串珠

串珠

18

21

22

25

23

26

29

24

27

32

30

28

33

35

31

34

38

36

39

41

42

37

40

1（編織圖①）

三次

三次

21 第一個繩結與編織圖①_15號重複。

22 首先用最左邊和最右邊的兩條繩子，分別編織三次雀頭結。（編織圖②_1～2號）

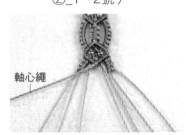

軸心繩

23 以中間繩子裡的左繩為軸心繩，將左半邊的三條繩子依序編斜卷結。（編織圖②_3～5號）

軸心繩

24 以中間繩子裡的右繩為軸心繩，將右半邊的三條繩子依序編斜卷結。（編織圖②_6～8號）

25 以中間繩子裡的左繩為編織繩，並以左邊的三條繩子為軸心繩，分別編織斜卷結。（編織圖②_9～11號）

26 以中間繩子裡的右繩為編織繩，並以右邊的三條繩子為軸心繩，分別編織斜卷結。（編織圖②_12～14號）

27 將中間的兩條繩子以圖騰繩結進行編織。（編織圖②_15號）

28 這次以中間的兩條繩子為軸心繩。

29 將左右兩邊的繩子依序編織斜卷結。（編織圖②_16～21號）

30 在左右兩側的軸心繩上各穿入一顆銀球，而中間的兩條繩子則穿入寶石串珠。

31 接著進行上述步驟的相反順序，將左側軸心繩的方向轉90度。

32 將左邊的三條繩子依序編織斜卷結（編織圖②_22～24號）。

33 右半邊也用相同方式編織。（編織圖②_25～27號）

34 將匯聚在中間的軸心繩編織圖騰繩結。再以最左側的繩子為編織繩，靠內側的三條為軸心繩，編織斜卷結。（編織圖②_28～31號）

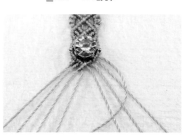

35 同樣地，以最右側的繩子為編織繩，靠內側的三條繩子為軸心繩，分別編織斜卷結。（編織圖②_32～34號）

36 這次以最左側的繩子為軸心繩，並依序編織內側的三條繩子。（編織圖②_35～37號）

★ 需謹記當繩子固定為軸心繩或編織繩時，兩者繩結的樣貌變化。

37 右半邊也用相同方式編織。（編織圖②_38～40號）

38 將匯聚在中間的兩條軸心繩，編織圖騰繩結。這裡與編織圖①_1號重複。

39 將左右兩邊最外側的兩條繩子，各自編織三次雀頭結。（編織圖②_41～42號）

40 手環的中心部分即完成。接著重複五次編織圖①的步驟，再進行一次1～15號的步驟。

41 將八條繩子分別收攏成各四條（→P73）。

42 接著編織成兩條四股辮（→P38）。

43 最後再利用繞線繩結（→P55）收尾，以防繩子鬆脫。

44 以雙向平結與雀頭結串聯的菱形手環即完成。

優雅麻花手環

基本上，斜卷結是線的表現，而圖騰繩結是點的表現。在此手環中從大圓圈連結到小圓圈的部分，是透過斜卷結來延續曲線，但在大圓圈的末端則是利用圖騰繩結來收尾。希望各位透過編織過程逐漸熟悉這兩者的區別。

材料

◆ 尼龍繩（0.5mm）淡紫色 150cm×4條
◆ 尼龍繩（0.5mm）淡紫色 240cm×1條
◆ 金屬串珠（3mm）×4個
◆ 金屬球（2mm）×76個

Tip

使用的繩結記號

雙向平結
（P16）

左雀頭結、右雀頭結
（P22）

左斜卷結、右斜卷結
（P30）

左向圖騰繩結
（P44）

編織圖

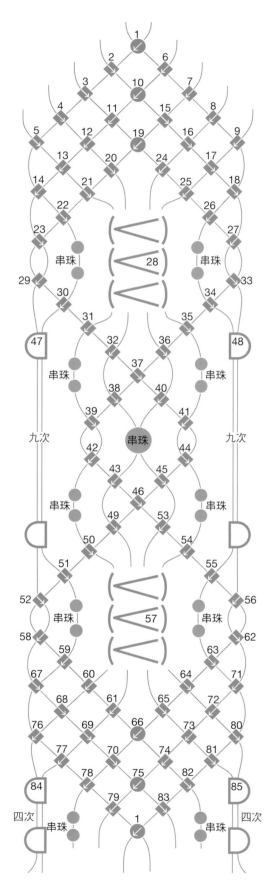

串珠
串珠
九次
串珠
九次
串珠
串珠
四次
串珠
四次

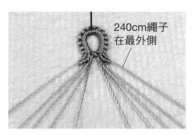

240cm繩子
在最外側

1 繩子對折後固定中心點，
編織雀頭結作為扣環。將
中間的繩子編織圖騰繩結
（編織圖1號），並編織
繩結填滿左右空間。

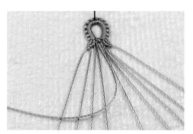

2 以中間兩條繩子裡的左繩
為軸心繩，依序用左邊的
四條繩子編織斜卷結。
（編織圖2～5號）

3 以中間兩條繩子裡的右繩
為軸心繩，依序用右邊的
四條繩子編織斜卷結。
（編織圖6～9號）

4 將中間兩條繩子編織圖騰
繩結。（編織圖10號）

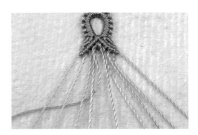

5 這時將中間兩條繩子轉變成編織繩。

6 以左半邊的四條繩子為軸心繩,分別編織斜卷結。（編織圖11～14號）

7 右半邊也用相同作法編織斜卷結。（編織圖15～18號）

8 將交會於中間的兩條繩子編織圖騰繩結（編織圖19號）,這時中間的繩子會再次成為軸心繩。

9 將左半邊的四條繩子依序編織斜卷結。（編織圖20～23號）

10 將右半邊的四條繩子也依序編織斜卷結。（編織圖24～27號）

11 以內側四條繩子中,位於中間的兩條繩子為軸心繩,編織三次雙向平結。（編織圖28號）

軸心繩

12 接著改變左半邊軸心繩的方向,準備編織相鄰的四條繩子。

13 用第一條編織後,在第二條穿入金屬球再編織斜卷結,然後依序編織下兩條繩子。（編織圖29～32號）

14 改變右半邊軸心繩的方向後,使用與左半邊相同的作法編織斜卷結。（編織圖33～36號）

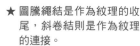

15 接著在軸心繩的交會處編織斜卷結。（編織圖37號）

★ 圖騰繩結是作為紋理的收尾,斜卷結則是作為紋理的連接。

16 從左右兩邊各抽出兩條繩子。

17 先前的步驟是利用十條繩子製作大圓圈，接下來則用六條繩子製作小圓圈。

18 在左軸心繩上編織斜卷結後，在相鄰繩子穿入金屬球再編織斜卷結。（編織圖38～39號）

19 在右軸心繩上編織斜卷結後，在相鄰繩子穿入金屬球再編織斜卷結。（編織圖40～41號）

軸心繩

20 在中間兩條繩子穿入金屬串珠。改變左側軸心繩的方向，編織斜卷結（編織圖42～43號）。

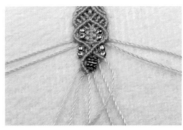

21 將右側軸心繩轉向後，依序編織斜卷結。（編織圖44～45號）

22 完成編織後的樣貌。

23 在軸心繩的交會處，將左繩纏繞右繩，編織斜卷結。（編織圖46號）

24 利用預先從左右兩側抽出的兩條繩子，各自編織九次雀頭結。（編織圖47～48號）

25 在左軸心繩上依序編織左半邊的四條繩子（編織圖49～52號）。在編織50號前，記得先穿入金屬球。

26 右側軸心繩也用相同的作法進行編織（編織圖53～56號）。在編織54號前，也要先穿入金屬球。

27 如此一來就會呈現以中心小圓圈為基準的上下對稱。接下來的作法與前述步驟相同。

28 以中間四條繩子編織三次雙向平結。轉變左側軸心繩方向後，依序編織左半邊繩子。（編織圖57～61號）

29 右半邊繩子也用相同的作法進行編織。（編織圖62～65號）

30 將中間的軸心繩編織圖騰繩結，完成紋理的收尾。（編織圖66號）

31 以最左側的繩子為編織繩，依序編織左半邊其餘的四條繩子。（編織圖67～70號）

32 右半邊也一樣，以最右側的繩子為編織繩，依序編織其餘的繩子。（編織圖71～74號）

33 當兩條繩子在中間交會後，編織圖騰繩結。（編織圖75號）

34 以最左側的繩子為軸心繩，依序編織左半邊其餘的四條繩子。（編織圖76～79號）

35 右半邊也一樣，以最右側的繩子為軸心繩，依序編織其餘的繩子。（編織圖80～83號）

36 在軸心繩的交會處編織圖騰繩結。收尾部分的樣子會與一開始的編織圖1號重複。

37 左右邊分別以兩條繩子各自編織四次雀頭結。（編織圖84～85號）

38 如圖所示，在編織雀頭結的相鄰繩子上，穿入金屬球。

39 接下來重複完整步驟四次即可。繩子種類會影響手環的長度與大小，因此請配合所使用的繩子來調整次數。

40 進行收繩作業前，要先收攏繩子（→P73）。將十條繩子分別收攏成各五條。

41 可以編織五股辮，但如果覺得五股辮太粗，可把兩邊各剪掉一條，改編四股辮（→P38）。

42 四股辮要編織7cm左右，這樣在佩戴時才會比較順手。

43 完成！這種手環會以中間的圓圈為中心，呈現扭曲的麻花狀圖案。

之字形
串珠手環

以學過的八字繩結為基礎，當中心向左右側移動時，就會創作出截然不同的繩結手環。使用什麼樣的繩子作為軸心繩，也會影響形成的圖案，建議各位可以利用兩種以上的繩結和串珠來展現多種風格。

材料

- 尼龍繩（0.5mm）青銅色 200cm×3條
- 尼龍繩（0.5mm）青銅色 240cm×1條
- 青銅色金屬球（2mm）×59個

Tip

使用的繩結記號

左雀頭結、右雀頭結
（P22）

左右結
（P27）

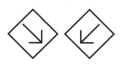

左斜卷結、右斜卷結
（P30）

編織圖

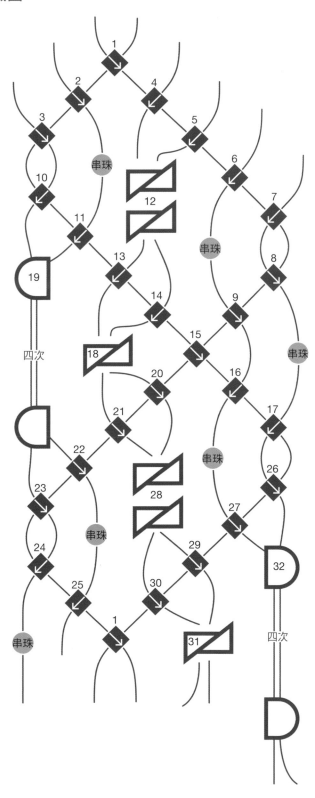

1 繩子對折後固定中心點，
製作出扣環。接著編織斜
卷結（編織圖1號），並
填滿左右空間。

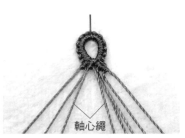

2 以左側數來第三與第四條
作為軸心繩。

★因為軸心繩不在正中間，所以
需先在左側進行一次、在右側
進行兩次填滿空間的編織。

3 在左側軸心繩上編織左邊
的兩條繩子。（編織圖
2~3號）

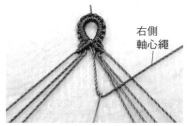

4 在右側軸心繩上編織右邊
的四條繩子。（編織圖
4~7號）

5 呈現非對稱圖形。

★前面介紹過的八字結是以正中間為中心，而形成左右對稱模樣，與這裡不同。

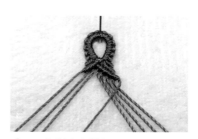

6 改變右側軸心繩的方向。

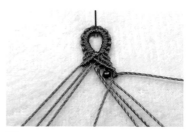

7 編織一次斜卷結後，在相鄰繩子上穿入金屬球，再編織斜卷結。（編織圖8～9號）

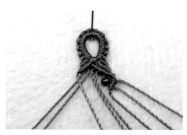

8 改變左側軸心繩的方向。

9 編織一次斜卷結後，在相鄰繩子上穿入金屬球，再編織斜卷結。（編織圖10～11號）

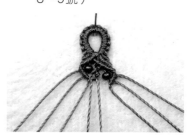

10 將中間剩餘的兩條繩子編織兩次左右結（編織圖12號）。

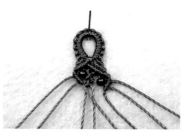

11 將編了左右結的兩條繩子，在左側軸心繩上編織斜卷結。（編織圖13～14號）

12 當軸心繩在中間相遇後，以右側繩子為軸心繩，編織斜卷結。（編織圖15號）

13 在兩條軸心繩重疊的部分，其形成的紋理即為軸心繩的方向。

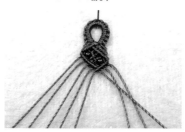

14 將軸心繩交會處的兩條繩子再次作為軸心繩。在其中的右側軸心繩上，依序編織右邊的兩條繩子。

15 第一條編織斜卷結後，第二條繩子必須先穿入金屬球再編織斜卷結。（編織圖16～17號）

16 將左側數來的第二、三條繩子編織一次左右結（編織圖18號）。這個左右結會與上一次編織的兩個左右結相連。

17 將左邊的兩條繩子編織四次雀頭結。（編織圖19號）

18 將左側軸心繩（左邊數來第五條）轉向，用左邊四條繩子編斜卷結。（編織圖20～23號）

19 再編織一次斜卷結後，在相鄰繩子穿入金屬球再編織斜卷結（編織圖24～25號）。然後將右側軸心繩轉向。

20 編織一次斜卷結後，在相鄰繩子穿入金屬球，再編織斜卷結（編織圖26～27號）。

21 將中間的兩條繩子編織兩次左右結（編織圖28號）。再將右側軸心繩轉向。

22 用剛才編織左右結的繩子，在右側軸心繩上編斜卷結（編織圖29～30號）。再於軸心繩交會處編斜卷結（1號）。

23 使用右側的四條繩子，分別編織一次左右結和四次雀頭結（編織圖31～32號）。並在最左側繩子穿入金屬球。

24 回到一開始的步驟，反覆編織十次左右，即完成手環的適合長度。在收尾前，進行收攏繩子作業（→P73）。

25 接著編織出兩條四股辮（→P38），作為綁繩部分。

26 完成！最後繩結會呈現出「8」字樣貌，金屬球的排列則為「之」字形，而其中的左右結會是中心線。

鷹眼造型
風格手環

這款手環樣式是以繩結將中央的串珠圍繞起來，成品就像老鷹的眼睛一樣，有著強烈的風格，令人印象深刻，相當適合用來練習如何搭配點與線。

材料

- ◆ 尼龍繩（0.5mm）灰色 220cm×4條
- ◆ 尼龍繩（0.5mm）灰色 240cm×1條
- ◆ 黃銅金屬球（2mm）×50個
- ◆ 金屬串珠（3mm）×6個
- ◆ 金屬串珠（5mm）×1個

Tip

使用的繩結記號

雙向平結
（P16）

左雀頭結、右雀頭結
（P22）

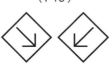

左斜卷結、右斜卷結
（P30）

左向圖騰繩結、右向圖騰繩結
（P44）

編織圖①

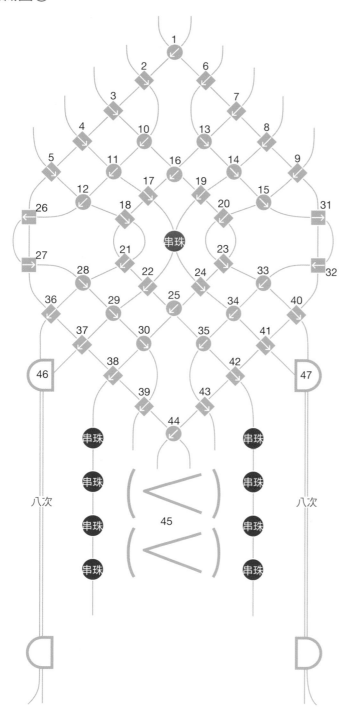

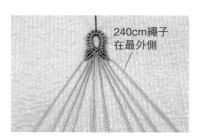

1 繩子對折後固定中心點，
製作出扣環後，編織圖騰
繩結（編織圖①_1號）
並填滿空間。

2 以中間兩條作為軸心繩。
在左側軸心繩上，用左邊
的四條繩子編織斜卷結。
（編織圖①_2～5號）

3 在右側軸心繩上，用右邊
的四條繩子編織斜卷結。
（編織圖①_6～9號）

4 將中間兩條繩子裡的左側
繩子，在其相鄰的三條繩
子上編織圖騰繩結。（編
織圖①_10～12號）

★圖騰繩結會以點的形式表現。

5 右側繩子也是同樣作法，在其相鄰的三條繩子上編織圖騰繩結。（編織圖①_13～15號）

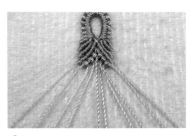

6 接下來排除最外側的各兩條繩子，在中間編織圓形。首先用中間的兩條繩子編織圖騰繩結。（編織圖①_16號）

7 以中間兩條繩子裡的左側繩子為軸心繩，只編織左邊相鄰的兩條繩子。（編織圖①_17～18號）

8 以右側繩子為軸心繩，只編織右邊相鄰的兩條繩子。（編織圖①_19～20號）

9 左右兩邊都編織完成後，在中間的兩條繩子穿入一顆3mm的串珠。

10 接著將左側軸心繩轉向另一邊，編織右邊相鄰的兩條繩子。（編織圖①_21～22號）

11 同樣地，將右側軸心繩轉向另一邊，編織左邊相鄰的兩條繩子。（編織圖①_23～24號）

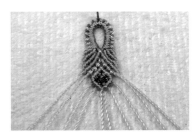

12 當軸心繩在中間交會後，編織圖騰繩結。（編織圖①_25號）

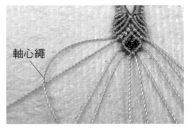

13 以最左側的繩子為軸心繩，用內側的繩子編織斜卷結後，向外抽出。（編織圖①_26號）

14 固定住剛才的軸心繩，用編織繩再次編織斜卷結後，往內側擺放。（編織圖①_27號）

★斜卷結的作法是相同的，只要想成是稍微改變角度即可。

15 將剛才的編織繩，依序在內側的三條繩子上編織圖騰繩結。（編織圖①_28～30號）

16 右邊也是一樣的作法。先以最右側的繩子為軸心繩，用內側的繩子編織斜卷結。（編織圖①_31號）

17 在同一條軸心繩上，再次編織同一條編織繩。（編織圖①_32號）

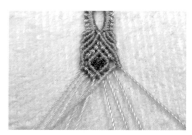

18 用剛才的編織繩在內側的三條繩子上編織圖騰繩結。（編織圖①_33～35號）

19 將最左側的軸心繩轉向另一邊，依序用四條繩子編織斜卷結。（編織圖①_36～39號）

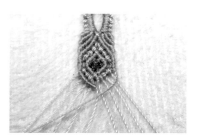

20 將最右側的軸心繩轉向另一邊，依序用四條繩子編織斜卷結。（編織圖①_40～43號）

21 當軸心繩在中間交會後，編織圖騰繩結。（編織圖①_44號）

22 以中間四條繩子裡，最內側的兩條作為軸心繩並編織兩次雙向平結。（編織圖①_45號）

23 如此一來，左邊與右邊就會各剩下三條繩子。

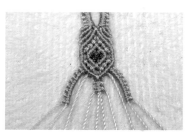

24 將左右邊最外側的兩條繩子各自編織八次雀頭結。（編織圖①_46～47號）

25 在內側剩餘的那一條繩子各穿入四顆金屬球。將上述步驟重複三次後，即可開始製作主要圖案（編織圖②）。

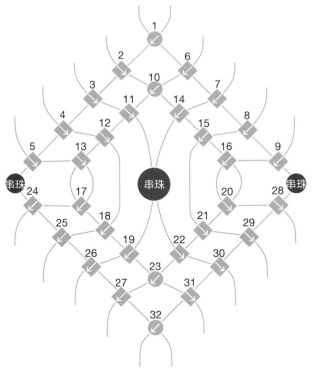

26 將位於中間用來編織雙向平結的兩條軸心繩，編織圖騰繩結。（編織圖②_1號）

27 以中間繩子裡的左繩作為軸心繩，編織左邊的四條繩子。（編織圖②_2～5號）

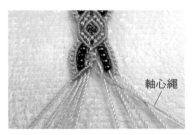

28 以中間繩子裡的右繩作為軸心繩，編織右邊的四條繩子。（編織圖②_6～9號）

29 編織完成的樣子。接下來要做出雙重圓圈造型，請暫時排除剛才使用的兩條軸心繩。

30 將中間的兩條繩子編織圖騰繩結後，以左邊那條為軸心繩，編織左邊的三條繩子。（編織圖②_11～13號）

31 另一邊也一樣作法。以中間的右繩為軸心繩，編織右邊的三條繩子。（編織圖②_14～16號）

32 將5mm的金屬串珠穿過中間的四條繩子。

33 將左側軸心繩轉向另一邊，依序編織內側的三條繩子。（編織圖②_17～19號）

34 右側軸心繩也以相同的作法編織。（編織圖②_20～22號）

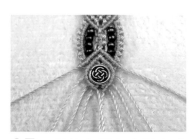

35 當軸心繩在中間交會後，編織圖騰繩結。（編織圖②_23號）

36 將位於最外側的兩條繩子（製作大圓圈時使用的軸心繩）各穿入一顆2mm金屬球。

37 將位於最左側的軸心繩轉向另一邊後，依序編織內側的四條繩子。（編織圖②_24～27號）

38 最右側的軸心繩也以相同作法編織。（編織圖②_28～31號）

39 當軸心繩在中間交會後，編織圖騰繩結（編織圖②_32號），完成雙重圓圈。

40 接下來從編織圖①_45號重新開始編織，重複三次編織圖①即可。

41 收繩時，先將十條繩子以五條為單位分別收攏（→P73），編織兩條五股辮（或各剪除一條繩子後編四股辮）。

42 完成辮子後，再以繞線繩結（→P55）收尾，防止繩結鬆脫。

43 完成！

葉形三色
漸層手環

這款手環是以波浪手環為基礎，並利用軸心繩交替來創作出葉子的樣貌。葉子會以左右交替排列，如果能理解其規則，就能做出更高階的作品。雖然製程不複雜，但是會比預想中用到更多的繩子及時間。

材料

- 尼龍繩（0.5mm）黃綠色 290cm×1條
- 尼龍繩（0.5mm）綠色 360cm×1條
- 尼龍繩（0.5mm）橄欖綠 270cm×1條

Tip

使用的繩結記號

左斜卷結、右斜卷結
（P30）

編織圖

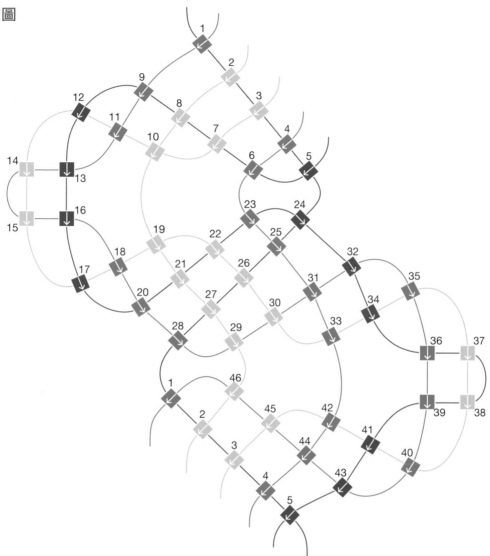

1 先將繩子對折再開始，擺
放順序從左至右分別為
60cm、220cm、
130cm、160cm、
140cm、210cm。接著
製作出扣環，再將黃綠色
繩子在中間打一次結。

★因為繩子差異較大，請確認每
一條繩子的長度後再開始。

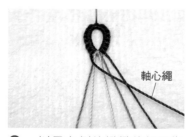

2 以最左側的橄欖綠繩子為
軸心繩。

軸心繩

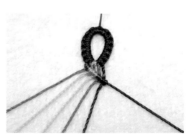

3 將軸心繩轉向右側固定住
方向後，用其餘的五條繩
子編織斜卷結（編織圖
1～5號）。

★這裡與製作波浪手環時的作法
相同（→P80）。

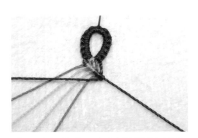

4 以剛剛用來編織的橄欖綠繩子為軸心繩，並朝左上角方向擺放後，編織其餘的四條繩子。（編織圖6～9號）

5 跳過第一條綠色繩子，以下一條黃綠色繩子為軸心繩，編織其餘三條繩子。（編織圖10～12號）

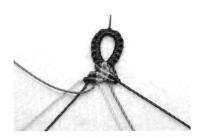

6 接著也跳過黃綠色繩子，以左側的綠色繩子為軸心繩，編織其餘兩條繩子。（編織圖13～14號）

7 將綠色軸心繩轉向另一邊，再次編織剛剛的兩條繩子。（編織圖15～16號）

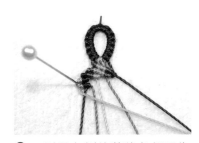

8 以最左側的黃綠色繩子為軸心繩，編織內側的兩條與先前跳過的黃綠色繩子（編織圖17～19號）。編織黃綠色繩子時需要一邊拉緊，以防產生空隙。

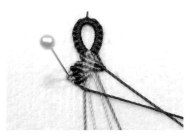

9 以最左側的橄欖綠繩子為軸心繩，編織內側的四條繩子（編織圖20～23號）。編織綠色繩子時也需要一邊拉緊，才會呈現葉子的樣貌。

10 將最右側在一開始因編織斜卷結而變斜的軸心繩，朝左斜方向固定後編織其餘的五條繩子。（編織圖24～28號）

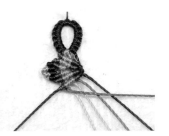

11 接著製作右邊葉子，作法與上述左邊葉子相同。先以左側綠色繩子為軸心繩並固定方向，編織其餘的四條繩子。（編織圖29～32號）

軸心繩

12 跳過編織繩中的第一條，以第二條黃綠色繩子為軸心繩，編織右邊的三條繩子。（編織圖33～35號）

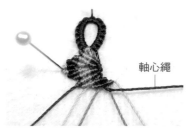

13 接著跳過下一條的綠色繩子，以橄欖綠繩子為軸心繩，編織右邊的兩條繩子。（編織圖36～37號）

14 將同一條軸心繩轉向180度後，再次編織剛剛的兩條繩子。（編織圖38～39號）

15 以最右側的繩子為軸心繩，依序編織內側的三條繩子。（編織圖40～42號）

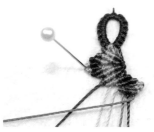

16 以最右側的繩子為軸心繩，依序編織內側的四條繩子。（編織圖43～46號）

17 將最左側呈現左斜方向的軸心繩，朝右斜方向固定後，編織其餘的五條繩子。

18 完成編織的樣子。（編織圖1～5號）

19 重複相同過程十三次左右，即完成所需長度。

20 進行收繩作業。先將六條繩子平分收攏成各三條（→P73）。

21 分別編織兩條三股辮（→P38），再以繞線繩結（→P55）收尾。

22 葉子造型手環即完成。

草莓造型
簡約手環

運用圖騰繩結的點與斜卷結的線來呈現出草莓模樣，並利用葉形手環的作法來表現葉子作為點綴。編織這款手環會有助於加深理解繩結的點與線之概念。

材料

- 尼龍繩（0.5mm）栗色 260cm×3 條
- 尼龍繩（0.5mm）栗色 300cm×1 條

Tip

使用的繩結記號

左斜卷結、右斜卷結
（P30）

左向圖騰繩結
（P44）

編織圖

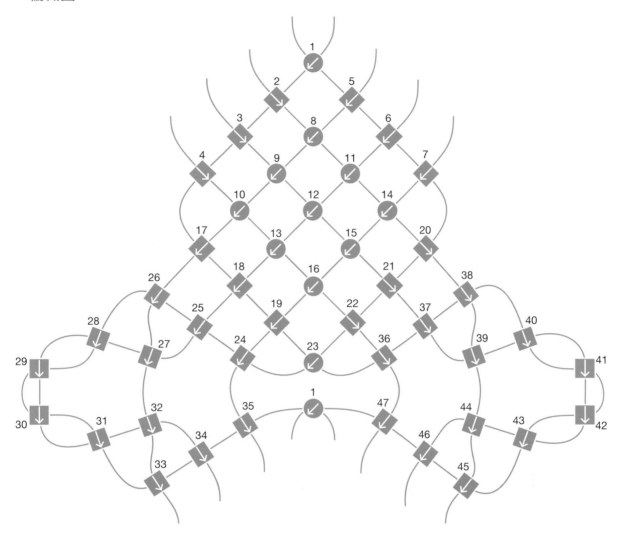

1 將繩子對折後固定中心點，利用較長的繩子編織雀頭結（→P22），製作出扣環。

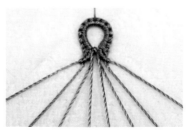

2 用中間兩條繩子編織圖騰繩結（編織圖1號）後，利用左右兩邊的繩子編織繩結以填滿空間，避免產生空隙。

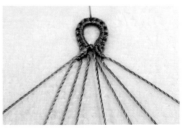

3 以中間兩條繩子裡的左繩為軸心繩，用左邊的三條繩子編織斜卷結。（編織圖2～4號）

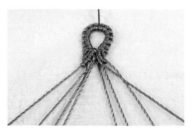

4 接著以右繩為軸心繩，用右邊的三條繩子編織斜卷結。（編織圖5～7號）

5 位於中間的左邊三條繩子與右邊三條繩子會相交，接下來在內側進行九個圖騰繩結（3×3）。

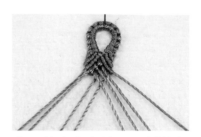

6 首先將右邊最內側的繩子，依序用左邊的三條繩子編織圖騰繩結。（編織圖8～10號）

7 接著同樣地，將右側下一條繩子，依序用左邊的三條繩子編織圖騰繩結。（編織圖11～13號）

8 將右側的最後一條繩子，也依序用左邊的三條繩子編織圖騰繩結（編織圖14～16號）。如此就會形成3×3的圖騰繩結。

軸心繩

9 接下來，將最左側的軸心繩轉向，用相鄰的三條繩子依序編織斜卷結。（編織圖17～19號）

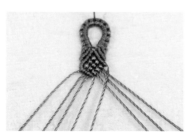

10 將最右側的軸心繩也轉向，並用相鄰的三條繩子依序編織斜卷結。（編織圖20～22號）

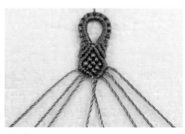

11 編織後的樣子。

12 將在中間交會的兩條軸心繩，編織圖騰繩結。（編織圖23號）

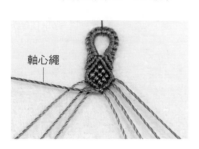

軸心繩

13 將中間兩條繩子裡的左繩作為軸心繩，轉向左上方固定後，編織左邊其餘的三條繩子（編織圖24～26號）。

★ 從這邊開始往左右編織的作法，可以聯想葉形手環的圖案，會更容易上手。

14 以左側數來的第三條繩子為軸心繩，編織左邊的兩條繩子。（編織圖27～28號）

15 以左側數來的第二條繩子為軸心繩，編織其餘的另一條繩子。（編織圖29號）

16 將軸心繩轉向另一邊，再次編織剛才那條繩子。（編織圖30號）

17 以最左側的繩子為軸心繩，只編織內側的兩條繩子。（編織圖31～32號）

18 以最左側的繩子為軸心繩，編織內側的三條繩子。（編織圖33～35號）

19 完成左邊的葉子。接著以同樣方式編織右邊。

軸心繩

20 固定右側軸心繩的方向後，編織右邊的三條繩子。（編織圖36～38號）

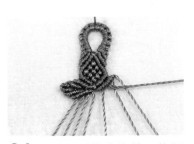

21 以右側數來的第三條繩子為軸心繩，編織右邊的兩條繩子。（編織圖39～40號）

22 以右側數來的第二條繩子為軸心繩，編織其餘另一條繩子。（編織圖41號）

23 將軸心繩轉向另一邊，再次編織剛才那條繩子。（編織圖42號）

24 以最右側的繩子為軸心繩，固定方向後，只編織內側的兩條繩子。（編織圖43～44號）

25 以最右側的繩子為軸心繩，編織內側的三條繩子。（編織圖45～47號）

26 完成右邊的葉子。

27 將在中間交會的兩條軸心繩，編織圖騰繩結。（編織圖1號）

28 將上述步驟重複十五次後，再編織一次1～23號步驟（葉子以外的部分）即可。

29 收繩時，先將八條繩子以各四條線為單位收攏（→P73）。

30 然後編織兩條四股辮（→P38）後，以繞線繩結（→P55）收尾。

31 草莓造型手環即完成。

台灣廣廈 國際出版集團
Taiwan Mansion International Group

國家圖書館出版品預行編目（CIP）資料

我的第一本繩結手環〈入門全圖解〉：手作達人的20種繩編技法，
簡單用平結、輪結、斜卷結，編出市集款風格飾品 / 文相哲著.
-- 初版. -- 新北市：蘋果屋，2024.05
　　面；　公分
ISBN 978-626-7424-15-5（平裝）
1.CST: 編結 2.CST: 手工藝

426.4　　　　　　　　　　　　　　　　　　　113003393

蘋果屋
APPLE HOUSE

我的第一本繩結手環〈入門全圖解〉
手作達人的**20**種繩編技法，簡單用平結、輪結、斜卷結，編出市集款風格飾品

作　　　者／文相哲　　　　　　　編輯中心執行副總編／蔡沐晨・編輯／許秀妃
譯　　　者／洪丞儀　　　　　　　封面設計／何偉凱・**內頁排版**／菩薩蠻數位文化有限公司
　　　　　　　　　　　　　　　　製版・印刷・裝訂／東豪・弼聖・秉成

行企研發中心總監／陳冠蒨　　　　線上學習中心總監／陳冠蒨
媒體公關組／陳柔彣　　　　　　　產品企製組／顏佑婷、江季珊、張哲剛
綜合業務組／何欣穎

發　行　人／江媛珍
法律顧問／第一國際法律事務所 余淑杏律師・北辰著作權事務所 蕭雄淋律師
出　　　版／蘋果屋
發　　　行／蘋果屋出版社有限公司
　　　　　　地址：新北市235中和區中山路二段359巷7號2樓
　　　　　　電話：（886）2-2225-5777・傳真：（886）2-2225-8052

代理印務・全球總經銷／知遠文化事業有限公司
　　　　　　地址：新北市222深坑區北深路三段155巷25號5樓
　　　　　　電話：（886）2-2664-8800・傳真：（886）2-2664-8801
郵政劃撥／劃撥帳號：18836722
　　　　　　劃撥戶名：知遠文化事業有限公司（※單次購書金額未達1000元，請另付70元郵資。）

■ 出版日期：2024年05月　　　　　ISBN：978-626-7424-15-5
　　　　　　　　　　　　　　　　版權所有，未經同意不得重製、轉載、翻印。